U0264731

云计算的负载均衡机制研究

刘　琨　著

中国农业大学出版社
·北京·

内 容 简 介

本书提出 Hadoop 的云存储负载均衡的优化策略、多目标优化的云存储负载均衡模型、基于动态副本的负载均衡策略、基于虚拟机迁移的资源调度负载均衡策略,以实现云计算系统的存储及资源调度的负载均衡。Hadoop的云存储负载均衡的优化策略对超负载机架进行优先处理;多目标优化的云存储负载均衡模型综合多种因素计算负载进行数据迁移;基于动态副本的负载均衡策略根据文件访问热度决策副本的创建及删除;基于虚拟机迁移的资源调度负载均衡策略根据节点的负载进行虚拟机资源的调度。

本书可供从事云计算及相关领域研究的学者使用,也可为对负载均衡相关研究感兴趣的学者提供帮助。

图书在版编目(CIP)数据

云计算的负载均衡机制研究/刘琨著. —北京:中国农业大学出版社,2018.2(2019.10重印)

ISBN 978-7-5655-1988-8

Ⅰ.①云… Ⅱ.①刘… Ⅲ.①云计算-研究 Ⅳ.①TP393.027

中国版本图书馆 CIP 数据核字(2018)第 020048 号

书　名	云计算的负载均衡机制研究		
作　者	刘琨著		

策划编辑	童 云	**责任编辑**	韩元凤
封面设计	郑 川		
出版发行	中国农业大学出版社		
社　址	北京市海淀区圆明园西路 2 号	**邮政编码**	100193
电　话	发行部 010-62818525,8625	**读者服务部**	010-62732336
	编辑部 010-62732617,2618	**出 版 部**	010-62733440
网　址	http://www.caupress.cu	**E-mail**	cbsszs @ cau.edu.cn
经　销	新华书店		
印　刷	北京虎彩文化传播有限公司		
版　次	2018 年 4 月第 1 版 2019 年 10 月第 2 次印刷		
规　格	880×1 230 32 开本 7.25 印张 140 千字		
定　价	60.00 元		

图书如有质量问题本社发行部负责调换

前　言

　　随着互联网技术的迅猛发展,云计算这种新兴的商业模式应运而生,它是并行计算、网格计算、虚拟化、分布式计算、网络存储、负载均衡等技术融合发展的产物。云计算技术的出现,将原本用户端的工作放在云端执行,云数据中心承担着复杂忙碌的工作。

　　对于云数据存储,云数据中心涉及成千上万台服务器和网络设备,这些节点分布不均、节点的配置存在差异、资源访问热度不同,用户的需求多样、实时、复杂,造成云数据中心的数据存储不均衡。例如一些节点存储了大量数据而另一些节点负载较轻;一些节点存储的文件访问热度高,需要频繁地应对用户的访问请求,而另一些节点非常空闲等。数据存储的不均衡将影响系统的性能、降低系统的响应时间,更严重的会引起节点的宕机。对于云资源调度,云中的节点的异构性及用户需求的多样性、不确定性,导致某些节点负载重,非常忙碌;相反,另一些节点负载轻,非常轻松,将影响整个系统的性能及资源利用率。

　　因此必须解决云存储及云资源调度的负载均衡问题。良好的资源调度负载均衡策略能有效地避免网络负载分布不均、数据流量拥挤、响应时间长等问题,提高应用的执行效率。

本书针对云计算负载均衡问题提出了解决方案,包括基于 Hadoop 的云存储负载均衡的优化策略、多目标优化的云存储负载均衡模型、基于动态副本的负载均衡策略、基于虚拟机迁移的资源调度负载均衡策略,以实现云计算系统的存储及资源调度的负载均衡。Hadoop 的云存储负载均衡的优化策略对超负载机架进行优先处理;多目标优化的云存储负载均衡模型综合多种因素计算负载进行数据迁移;基于动态副本的负载均衡策略根据文件访问热度决策副本的创建及删除;基于虚拟机迁移的资源调度负载均衡策略根据节点的负载进行虚拟机资源的调度。

本书共分 9 章,其中:

第 1 章为绪论,分析了目前数据中心负载不均衡产生的原因以及负载不均衡带来的问题;对云数据存储的负载均衡、云资源调度的负载均衡的意义进行了详细的阐述;介绍了云计算、云存储、云数据存储负载均衡及云资源调度负载均衡的国内外研究现状;最后简要介绍了主要研究内容。

第 2 章介绍了与负载均衡相关的技术。主要包括负载均衡的分类、常用的负载均衡算法及评价方法、负载的度量方法、数据存储的负载均衡以及资源调度的负载均衡问题。

第 3 章介绍了云计算及云存储的相关原理及技术,包括云计算、云存储的概念;GFS、HDFS 的原理;云存储中的副本技术。

第 4 章针对云计算资源调度的负载均衡问题,提出了基于虚拟机迁移的负载均衡策略。该策略中详细阐述了负载均衡的框架模块;使用一次平滑指数算法进行负载预测,避免瞬时峰值引起的不必要的虚拟机迁移;使用信息熵算法确定影响因素的权值,客观地计算节点的负载值,使得负载均衡更加合理化。

第5章针对数据存储的负载均衡问题,提出了基于动态副本技术的负载均衡策略,这是一种通过动态调整副本数量、动态创建副本、动态删除副本解决负载均衡的策略,在确定副本负载值时综合了文件热度、CPU性能、带宽、副本一致性维护成本等因素。

第6章针对数据存储的负载均衡问题,提出了基于多目标优化的负载均衡模型,根据文件访问时间、大小、访问热度、节点CPU处理能力、带宽、节点内存大小等各个因素综合确定负载值。

第7章针对数据存储的负载均衡问题,对于Hadoop的HDFS及数据存储负载均衡算法进行了描述,针对该算法存在的超负载节点不能优先及时处理的问题提出了优先处理超负载机架的优化策略。

第8章针对数据存储的负载均衡问题,对于Hadoop负载均衡算法存在的超负载节点不能优先及时处理的问题提出了队列排序的优化策略。

第9章为全文总结与展望,并指出了下一步研究方向。

刘　琨

2017年12月

CONTENTS

目　录

第1章
绪　　论

1.1　研究背景和意义

随着科学技术的飞速发展,人们对计算能力的要求越来越高,单独的系统已不能满足人们对计算能力的需求。于是,网络协作、充分利用闲散资源成了最初的解决方法——网格计算(Grid Computing)。网格计算通过整合网络中的大量闲散资源,在动态的、自治的、异构的环境中协调资源共享、解决大规模的具有挑战性问题。但是网格计算遇到了很多难以突破的问题,致使网格计算的思想虽好,但是商业应用却受到了极大的限制。

网络上的信息量逐渐增大,越来越多的人使用互联网来获取信息、购物和娱乐,网络数据量和用户请求数出现了爆发式的增长,海量数据需要进行存储,同时高性能计算的发展,企业内部信息不断增加,外部需求快速增多。对服务器计算和处理能力提出了更高的要求,使它们在合理接受客户端请求的基础上又要在最短的时间内做出应答响应,以提高用户体验度。根据易观国际提供的数据,淘宝网目前每天的活跃数据量超过 50 TB,有 4 亿条产品信息和 2 亿多注册用户在上面活动,每天数据访问量超过4 000 万。谷歌每天需处理 9 100 万次查询,一年平均要在数据库保存 33 万亿条用户的查询记录。如此巨大的数据量和访问请求,迫切需要具备快速响应能力、高可用性、高扩展性、易于管理的服务器来提高网络吞吐量和及时响应用户请求的能力。对于服务提供商来说,现有的基础服务设备已不能满足客户的需求,为了改变这种情况,大部分公司首先考虑到的是购买更多处理能力更强的服务器,显然这样会耗费公司大量的费用,同时后期维护也需要大量资金,对于资金欠缺的中小型企业来说,这是很大的负担。但是这种选择是治标不治本,设备升级远远跟不上用户访问量增加的速度,而且每次硬件升级都会面临数据的迁移及可靠性、稳定性方面的风险。另一种解决方案是将多台服务器连接成一个整体,通过网络和分布式技术共享资源以实现用户请求和计算任务的并行高效处理。

在这样的背景下,随着互联网技术的迅猛发展和计算机技术的不断进步,更大规模、更新的互联网应用发展迅速,使得更多的用户通过互联网共享各种资源,由此产生了一种新的商业和计算模式——云计算。在这种新兴的商业模式下,用户能够按需使用其中的计算资源及服务,且不受时间限制,扩展性强。与传统网络相比,云计算的出现改变了网络的服务模式,也改变了人们使用网络和计算机的方式,还是下一代网络运用的新技术。从用户的角度来说,用户购买云计算服务,云计算服务提供商就能按需动态地提供给用户相应的服务,保证用户 SLA;从云服务提供商角度而言,云计算是将存储资源、计算资源及软件服务通过互联网提供给用户的一种计算模式,实现用户与计算资源的管理相分离。因此用户不必去关心各种硬件及软件资源,通过仅在需要资源时申请获取资源并为所需的资源付费。

云计算的服务模型大致包括"用户端""云端"及连接两者的传输介质。"用户端"指用户接入云端的终端设备,比如电脑、手机或其他终端设备;"云端"指的是提供计算或存储能力的基础设施中心、平台或应用服务器等及云数据中心,提供的服务类型包括基础设施、平台和应用等。云计算的思想就是要把服务处理及存储尽量集中到"云端","用户端"瘦身成一个简单的终端或浏览器,因此对于"云端"的设计尤为关键。

云计算系统服务的实现主要依靠云数据中心完成,由于云计算技术的发展,对云数据中心的要求越来越复杂。云数据中心主要由数量巨大的服务器和网络设备组成,这些网络设备和服务器的异构性强,用户的需求复杂,要求高质量的服务,要求更合理的动态资源管理,因此对云数据中心提出了更高的要求。但实际上云数据中心目前存在着效率低、成本高、能耗高等问题。据资料显示,在我国,云数据中心的众多服务器均处在空闲状态,其中只有10%左右的服务器被充分利用,处于空闲状态的服务器也会有很大的功耗,相当于满载服务器的 60%,云数据中心相当一部分能耗都被浪费了。

随着云数据中心的运行,新节点不断加入到云中,旧节点不断从云中删除,节点的动态变化造成系统数据负载的不均衡,必须对这些节点进行负载均衡[1]。目前云数据中心的资源管理大都采用静态管理方式,无法适用于网络的动态变化,将造成资源分配的不合理;同时各个服务器上的数据存储也存在着不均衡的问题。这种资源、数据存储负载不均衡的问题将导致云资源的浪费,影响云数据中心的效率。因此,必须设计合理的云资源调度算法和云数据存储算法来解决云数据中心负载不均衡的问题,从而提升资源利用率,这是云计算研究领域的一个关键问题。一个好的负载均衡策略能够使得负载分布更加均衡,有效地避免数据流量的拥挤,缩短响应时间,提高执行效率,降低能耗。

负载均衡技术主要任务是在分布式环境下协调由网络连接的一组自治计算节点,使它们能够均衡地并行处理请求,充分挖掘各个计算节点的计算能力,以减少系统对请求的平均响应时间,从而提供服务质量。云计算的不断发展对负载均衡技术提出了更高的要求,负载均衡是云计算中资源管理、资源调度、数据存储的关键问题,它是云计算中亟待解决的问题之一。主要原因在于[2]:

(1)负载均衡技术能够提升硬件的处理能力、减少硬件的投入。随着云计算中用户需求的不断增加,需要的资源越来越多,但云数据中心的硬件不能无限增加,必须对这些硬件设施进行有效的管理和利用。负载均衡技术能够解决这个问题,利用负载均衡技术可以统一调度和管理云中的资源,从而提高系统的处理能力,对于用户而言,好像云中的资源是无限的。

(2)负载均衡技术提高了数据的响应速度。负载均衡技术的运用,能够合理地进行资源分配及调度,充分利用所有的资源,提高数据的响应速度,更加合理地为用户的海量访问提供服务。

(3)负载均衡技术提升了系统的可用性和可靠性。云计算环境的可靠性也是一个非常重要的问题,比如当云中的某个服务器或者某个应用出现故障时,必须保证用户的正常操作。这些问题利用云计算的负载均衡技术能够解决。

云资源调度技术的进步、数据存储的均衡,将灵活地管理云数据中心资源,使得云资源的利用率不断提高,资源配置更优化,云资源浪费得到改善,降低云基础设施升级的成本,更好地满足用户的使用体验。我们从云计算数据存储的负载均衡及云计算资源调度的负载均衡两个方面对负载均衡问题进行详细的研究。

1.2　云计算及云存储

1.2.1　云计算概述

1. 云计算定义及体系结构

云计算是一种新兴的商业模式,它将网络中的异构的、廉价的物理机或者网络设备集合起来,共同对外提供计算、存储等服务。云计算采用了 SaaS、PaaS、IaaS 等商业模式,融合了分布式计算、并行计算、网格计算、负载均衡、虚拟化等计算机技术。在云计算系统中,所有的计算存储服务均在云数据中心完成,用户端只需是一个简单的输入输出设备,不需要安装任何应用程序,只要用户端能够接入到互联网,就能按需付费享用云提供的服务。对于云计算,必须提高云端的数据处理能力,这样才能更好地为用户服务。云计算的一个核心理念就是通过不断提高"云"的处理能力,进而减少用户终端的处理负担。

云计算的体系结构如图 1.1 所示,其中包括服务目录、用户端、配置工具、系统管理、监视部分、服务器集合等几个模块。用户端是用户操作的界面,用户通过它与云系统交互,用户的请求通过用户端发送给云系统。服务目录是供用户选择操作的目录列表,这个列表里列举了用户能够访问及操作的所有服务。系统管理模块能够实现负载均衡,负责管理各种资源。配置工具模块负责为云中的服务器进行运行环境的配置。监视模块负责监控整个云系统资源的分配及使用情况。服务器集合模块是组成云系统的各个服务器构成的集合。

2. 云计算的特点

云计算的特点主要有以下几个方面[3]:

(1)按需使用资源。利用虚拟化技术,用户能够按照自己的需求付费,使用云计算中的资源,包括计算、内存、存储、网络等资源。

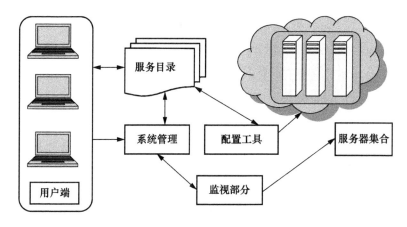

图 1.1　云计算体系结构

（2）可扩展性强。用户能够在任何时间任何地点根据实际需求购买服务及应用。

（3）宽带网络调用。用户能够通过网络使用云计算中的软件及资源,软件及资源不需要安装在自己的设备上。

（4）可度量性。用户使用的所有服务资源均是按照使用的情况进行收费,用多少收多少。

（5）可靠性。云计算中的数据中心协调工作,当某个节点失效时,能够通过冗余的副本找到数据。

3. 云计算的服务类型

云计算通过云端服务器为用户提供数据存储、软件应用等服务。云计算按照服务类型主要有软件即服务（SaaS）、平台即服务（PaaS）、基础设施即服务（IaaS）[4]。

软件即服务（SaaS）是将特定应用软件提供给客户使

用,这些软件即为服务,如 Google 的在线办公软件[5,6],Salesforce 公司提供的在线客户关系管理 CRM[7]服务均采用 SaaS 服务模式。在 SaaS 模式中,用户只需接入网络,通过浏览器使用在云端上的应用,不需考虑软件安装维护等问题,节省了昂贵的软硬件投入。

平台即服务(PaaS)是将一个开发平台作为服务提供给用户,通过这种模式,用户可以在一个包括 SDK、文档和测试环境等在内的开发平台上方便地编写应用,且服务器、操作系统、网络和存储等资源均由 PaaS 提供商负责搭建。典型的如 Google APP Engine[46]和 Microsoft Azure[8]。

基础设施即服务(IaaS)将虚拟机或其他资源作为服务提供给用户。通过该模式,用户可以从提供商那里获得所需的虚拟机或存储等资源来装载相关的应用,这些基础设施的管理维护由 IaaS 提供商负责。如 Amazon 云计算的简单存储服务 S3A 及弹性计算云 EC2[9]。

4. 云计算技术体系结构

云计算技术体系结构包括四层,分别为物理资源层、虚拟化管理层、服务管理中间件层、服务接口层,如图 1.2 所示。物理资源层由存储器、计算机、网络设施和数据库等组成;虚拟化管理层将大量类型相同的资源构成同构或接近同构的资源池,如计算资源池、存储资源池、网络资源池、数据资源池等;服务管理中间件层负责云计算资源的管理,如用户管理、映像管理、资源管理、安全管理等;服务接口层包括服务接口、服务注册、服务查找、服务访问等[4]。

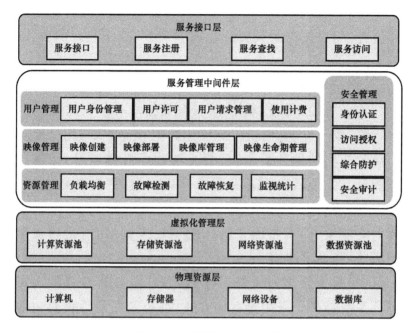

图 1.2　云计算技术体系结构

1.2.2　云存储概述

1. 云存储的定义

云存储是为了解决云计算中的存储问题,利用网格技术、集群技术或分布式文件技术等,把云数据中心的各物理机上大量异构的存储设备综合调度协同工作,满足用户的数据存储的功能。云存储系统就是云计算中的存储系统,用户的数据保存在云中,对用户而言,不再需要本地的存储系统及存储设备。云存储更准确地说是一种服务,由许多个存储设备和服务器所构成的集合体提供的数据访问服务,用户按需购买服务。

2. 云存储的优势

与传统的存储技术相比,云存储技术有以下优点[10]:

(1)成本低、见效快。传统的数据存储方式,用户要购买数量相当的硬件设备,且要为这些设备搭建平台,需要大量资金的投入。当业务需求变化时,还需对软件返工,成本高、浪费时间。采用云存储的方式,用户只需配置必要的终端设备,不再需要额外的资金搭建平台,租用需要的服务,降低了成本。

(2)易于管理。传统的存储方式,需要有专业的人员进行系统维护。采用云存储方式,维护及更新工作都由服务提供商负责。

(3)方式灵活、伸缩自如。传统的存储方式,硬件平台及软件需要不断地更新,维护成本高。采用云存储的方式,用户可以按需使用,不使用不付费即可。

3. 云存储的系统结构模型

云存储处理的通常是海量数据,主要完成这些海量数据的存储和管理。云存储的系统结构模型见图1.3,包括访问层、应用接口层、基础管理层和存储层。

存储层由存储设备及存储设备管理系统组成。存储设备是由系统中的各个节点上的存储设备构成,这些节点分布在不同的地域,通过网络互联在一起。存储设备管理系统主要完成存储设备的维护升级、存储设备的监控等工作。

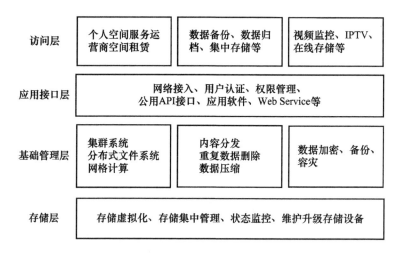

图 1.3　云存储系统结构

基础管理层实现了云存储系统中多个存储设备之间的协同工作,负责内容分发、数据的删除压缩、数据的加密、数据的备份等,它所采用的技术包括集群系统、分布式文件系统和网格计算等。

应用接口层的功能包括网络接入、用户认证、权限管理、提供公用 API 接口、提供不同的应用等。

访问层包括各种能够访问云存储系统的用户,用户可以通过标准的公共应用接口登录云存储系统,享受云存储服务。

1.3　研究现状

1.3.1　云计算的研究现状

云计算是一种新兴的商业模式,它是分布式计算、并行计算、网格计算、虚拟化、负载均衡等技术融合发展的产物[11]。云计算的服务模式将原本用户端的工作转移到"云",用户不需关心"云"内部的实现方式,只需关心实现的功能,按需定制自己的应用,全部的资源调度、资源管理、数据存储及维护等工作都由"云"完成。云计算是一种新的有效的计算使用模式[12],它就像我们日常生活中使用的电力、水一样,按照用的多少进行付费,云计算中的应用是多样化的,用户按照自己的需求选择使用。云计算最终实现了用户能够不受时间限制、不受地点限制、按照用户的需求使用云计算中的资源。

国外的各大公司是云计算的先行者,它们共同推动了云计算的发展。Amazon 使用弹性计算云(EC2)和简单存储服务(S3)为企业提供计算和存储服务。Google 发布了它的云计算的三大技术:GFS、MapReduce 及 BigTable,并且它的搜索引擎建立在分布于 200 多个地点超过百万台的服务器上,Google 地图、Gmail 等应用均使用了这些基础设施。IBM 推出的"蓝云"计算平台,为客户提供了即买即用的云计算平台。微软于 2008 年推出了 Windows Azure 操作系统,建立了新的云计算平台。

在国内,各个公司及学术界也对云计算进行了研究,推动了云计算在国内的迅猛发展。2012 年 5 月,工业和信息化部发布了《通信业"十二五"发展规划》,将云计算定位为构建国家级信息基础设施、实现融合创新的关键技术和重点发展方向[13]。2012 年 9 月,科技部发布首个部级云计算专项规划《中国云科技发展"十二五"专项规划》,对于加快云计算技术创新和产业发展具有重要意义[5]。北京市计算中心与 Platform 软件公司共建联合实验室,推进"北京云"的建设[14]。上海市在 2010 年 8 月颁布推进云计算产业发展行动方案"云海计划"。深圳市将云计算作为"智慧深圳"的重要支撑纳入深圳市"十二五"发展规划[13]。江苏省无锡市联手 IBM 创建了世界第一个商业云计算中心。阿里云在 2013 年推出了"飞天 5K 集群"项目,拥有了集群规模达到 5 000 台服务器的通用计算平台。百度在 2011 年开放其云计算平台。腾讯公司在 2013 年宣布腾讯云生态系统构建完成,将借助腾讯社交网络以及开放平台来专门推广腾讯云。

1.3.2　云存储的研究现状

云存储是为了解决云计算中的存储问题,它是利用网格技术、集群技术和分布式文件技术等,把云数据中心的各物理机上大量异构的存储设备集合在一起综合调度协同工作,满足用户的数据存储的功能,对用户来说数据存储是透明的,用户并不关心数据究竟存放在哪个物理机上[8]。在云存储系统中,所有的用户数据都保存在"云"中的各个节点上,需要时从"云"节点中读取数据,对于用户来说,本地不需要存储设备。云存储也可以看作是一种服务,由它为用户提供存储的服务,它不再是一个简单的存储硬件,而是融合了很多因素的复杂系统,例如存储硬件、网络设备、应用软件、公用访问接口、客户端界面、服务器、网络等。其中存储设备是这些部分的核心部件,数据最终存储在存储设备上,应用软件负责完成数据存储和业务访问的服务。用户使用的不是单一的某个存储设备,而是由这些组成部分共同构成的整体。因此对用户来说,云存储不再是一个存储设备,而是由所有组成部分构成的系统对外提供的数据访问服务[15]。

　　Amazon是最早推出云存储服务的公司,它在2006年推出了简单存储服务(S3)[16]以及弹性块存储技术(EBS)[17]。简单存储服务是一种对外出租存储服务,是Amazon网络服务(AWS,Amazon Web Service)的一部分。IBM于2009年推出了"企业级智能云存储"计划,该计划主要解决为客户提供应用程序方面的支持的问题,利用了存储虚拟化和基于私有云的存储归档技术[18,19]。EMC公司推出了一种基于策略的管理系统——云存储基础架构EMC Atmos,它是第一个容量高达PB的信息管理解决方案[20]。微软推出了网络硬盘服务Windows Live SkyDrive[21]。国内众多高校、研究机构也开展了云存储相关技术的研究。清华大学郑纬民教授设计了Corsair系统,该系统由数据共享服务系统Corsair和分布式文件系统Carrie组成,为学校师生提供个人数据存储、社区数据分享及公共资源数据下载等服务[22]。刘鹏等开发了云存储平台 MassCloud,该系统具有构建成本低、性能高、可靠、使用简单的特点[23]。

1.3.3　云数据存储负载均衡的研究现状

随着互联网技术的不断发展及互联网用户数量的不断增长,产生了海量数据需要存储,对服务器提出了更高的要求。面对这些海量数据,单纯靠升级服务器硬件,例如增加内存、提升 CPU 速度等,显然无法满足要求,而且更换硬件、维护硬件的代价也非常高。因此更多的用户开始使用"云"来存储这些海量数据。

云计算为海量数据的存储提供了解决方案,但随着数据的不断存放、删除,就会造成有些节点存放的数据量大,有些节点存放的数据量小,有些节点存储热点数据,有些节点存储的数据访问量不高,即各个节点的存储负载不均衡。这种数据存储的负载不均衡将会影响云计算系统的效率及用户的使用。因此必须设计出合理的数据存储方案,使得各个节点上的数据存储量及数据访问热度相对均衡。

数据存储负载不均衡可以归结为以下几个因素:

(1)服务器节点分布不均。由于各个节点在网络中的位置分布是不均衡的,数据存储在这些节点上,势必造成数据存储的位置不均衡性。

(2)资源存储不均衡。数据存储在各个节点上,一些节点存放的多,一些节点存放的少,造成了数据存储的不均衡。

(3)资源访问热度不同。不同资源的访问热度不同,有些资源在某些时刻的访问用户数多就会造成这些节点的负载重,引起节点间的负载不均衡。

(4)节点的硬件配置不同。配置高的节点能够应对更多用户的访问。

目前,数据存储的负载均衡算法一般分为动态负载均衡算法和静态负载均衡算法。静态负载均衡算法使用初始设计的算法计算负载量,然后分配数据,并且数据的位置不再改变。主要算法有节点空间划分方法[32]、多 hash 方法[33,34]、轮询法等,静态负载均衡算法比较简单,但不能适应网络中动态变化的情况。动态负载均衡算法是实时计算系统运行过程中各节点的负载情况,动态调整系统中出现的各种负载不均衡现象[27],主要有缓存方法[36,37]、虚拟节点算法[38,39]、动态副本方法[40,41]等。动态负载均衡算法虽然能够应对网络的实时变化,但这类算法相对比较复杂、需要考虑的因素也比较多。

文献[34]提出了一种自适应的动态负载均衡算法。算法中创建了多个队列,依据负载值的不同对这些队列进行分类。各节点实时观测自己的负载,当负载跳变到超载状态时主动报告给中心服务器,中心服务器优先将存储负载分配到轻载队列。文献[35]提出了基于文件热度的多时间窗负载均衡策略,该策略能够最小化系统总响应时间。文献[36]提出一种数据存储空间分布策略,解决云存储系统海量数据的分布策略的可扩展性以及灵活性的不足。文献[37]为了提升网络性能,提出了一种在网格计算环境下的混合负载均衡策略。文献[38]综合节点的存储空间、中央处理器、内存空间利用率和节点访问热度等因素,提出了一种基于层次分析法的负载平衡的算法。文献[39]提出了一种根据节点的存储能力分配负载的方法。文献[1]针对 HDFS 默认的数据负载均衡算法的不足,提出了一种通过控制变量动态分配网络带宽,从而实现数据负载均衡的算法。

1.3.4　云资源调度负载均衡的研究现状

云资源调度技术的合理应用,能够优化资源配置、灵活管理数据中心资源、提高资源利用率。由于“云”中节点的异构性及用户需求的多样性,将出现一些节点负载过重,处于忙碌状态,另一些节点负载较轻,处于空闲状态,即集群各个节点的负载不均衡,这种状况的出现会极大地影响资源利用率。云资源调度的负载均衡就是把任务在多个计算机、进程、磁盘或者其他资源间进行分配以获得最优的资源利用率,降低计算时间[40]。负载均衡问题是一个经典的组合优化难题,其难度与 Hamilton 问题相当,是一个 NP 完全问题[41]。

目前企业界及学术界针对集群的资源调度负载均衡进行了相应的研究。文献[42]提出了通过对参数选择的训练解决负载均衡问题的算法,它是一种基于多智能体遗传算法的负载均衡算法。文献[43]提出的负载平衡策略是基于随机延迟论层次结构的。文献[44]提出了一种基于蚁群算法和负载网络的负载均衡算法。当节点的负载过重或者负载过轻时,将选择一只蚂蚁进行负载均衡,蚂蚁的路径通过蚁群算法确定。文献[45]提出了一种基于蜂群采蜜原理的负载均衡算法。把所有的服务器节点作为采蜜的蜜蜂,等待的任务作为蜜蜂采蜜的花圃,某个服务器处理哪些任务就如工蜂到哪些花圃采蜜的分配问题一样。文献[46]提出了一种基于动态有偏随机抽样的负载均衡算法。该算法根据 ER 模型构建一个由 N 个节点构成的网络图,用节点的入度表示节点可以使用的资源。当节点接收一个新任务,删除该节点的一条边,该节点的入度减少;当完成一个任务,增加节点的一条边,该节点的入度增加。文献[47]提出一种基于遗传算法的负载均衡算法。负载值大小与个体适应度函数的大小成反比关系。

1.4　主要研究内容

针对以上问题,重点研究云数据存储的负载均衡、云资源调度的负载均衡问题,针对不同的问题及侧重点提出了相应的均衡模型、均衡策略及优化方案,主要包括:

(1)进行了云计算负载均衡相关技术的研究。其中包括云存储负载均衡的综述研究、云资源调度负载均衡的综述研究、虚拟机迁移的相关研究及副本技术的相关研究。

(2)对 Hadoop 的 HDFS、数据存储负载均衡策略进行了深入的研究。研究发现 Hadoop 的负载均衡策略只有在本机架内负载均衡完成后才会进行机架间的负载均衡,对于负载过重的机架不会进行优先处理。如果负载过重的机架在机架内无法达到均衡,还是按部就班地先进行机架内的均衡,势必延迟了超重机架均衡的时机,将进一步加重这些机架的负担。Hadoop 负载均衡算法在选择均衡节点时随机选择超负载节点,不优先处理负载更重的节点。对这两个问题提出了优化方案,从而实现了对于超重负载机架、节点的优先处理,节省了负载均衡过程所用时间。

(3)针对数据存储的负载均衡问题进行了研究。如果存储数据平均分布在各个节点的时候就称集群负载均衡,这种均衡只能算是数据分布的均衡。实际情况应该考虑更多的因素,例如,各个节点的配置异构性,存储同样多的数据,异构的节点必然承担的负载不同;再如,很少被访问的文件相比于经常被访问的文件或者并发被多个用户访问的文件,显然前者对物理机产生的负载比后者小。针对这些情况,提出了综合多种因素计算负载值、对数据存储进行动态负载均衡的模型,这些因素包括访问时间、文件大小、访问热点、节点 CPU 利用率、节点内存利用率、节点带宽等。

(4)研究了副本技术,提出了基于文件热度的副本管理策略来解决负载均衡的问题。当某文件的访问频率过高,必然会增加服务器节点的负载,此时可以通过增加文件副本的数量来均衡该服务器的负载。同时对于长时间不被访问或者访问频率低的副本,应该及时删除来节省服务器节点的存储空间。不论进行副本的创建还是进行副本的删除,不仅仅考虑文件访问热度一个因素,同时还要综合考虑服务器节点的存储空间、网络带宽、副本维护一致性的成本等诸多因素。从副本数量的确定、副本位置的确定、副本删除等几个方面对算法进行了详细的描述。

（5）研究了基于虚拟机迁移的云调度负载均衡策略。从整体框架上对该策略进行了设计，包括采集模块、监测模块、预测模块、源机选择模块、目标机选择模块，文中对各个模块的工作进行了详细的描述；提出了基于一次平滑指数的预测模块算法及基于信息熵的虚拟机选择模块算法。虚拟机迁移的触发条件一般是当负载值超过某个阈值即触发，但实际上负载值总是存在着瞬时峰值，如果盲目地触发迁移，显然带来了不必要的迁移负载，使用了一次平滑指数预测未来负载值，预测的未来值如果有 m 个大于阈值则触发迁移。对于目标机及源机的选择问题，综合CPU利用率、内存利用率、带宽利用率、迁移距离等多重因素，定义了综合的负载值，把综合负载大的节点的虚拟机迁移到综合负载小的节点上。在计算综合负载时就必须确定这几个分量的权值问题，使用信息熵的方法确定权值，这样能够更客观、更准确地计算负载值。

第2章
负载均衡技术

本章主要介绍负载均衡技术,包括负载均衡的意义、分类、常用算法、评价方法、度量方法以及数据存储的负载均衡及云资源调度的负载均衡。

2.1 负载均衡概述

负载均衡机制是集群系统中的核心机制,也是云计算环境中的关键技术。而负载均衡机制的核心是负载均衡算法,算法性能的好坏直接影响着集群系统性能的优劣。目前随着集群系统的发展,对负载均衡技术的研究也在不断发展并趋于完善。但由于云计算的灵活性以及用户数量的庞大性等特点,使得云计算与以往的集群系统又不完全相同,我们必须采取合理有效的负载平衡措施来提高云计算的工作效率和计算性能,从而满足用户的 SLA。

负载均衡机制根据触发的时机不同可以发生在两个阶段,首先是任务到来阶段就启动负载均衡算法,将任务分配到负载较轻的节点上这个过程称为初始分配；其次是节点在运行过程中，出现节点过载，此时启动负载均衡算法，定位负载较轻的节点，进行任务的迁移，这个过程可以称为再分配。负载均衡算法可以同时包括初始分配和再分配这两个过程，也可以将这两个过程分开考虑。

2.2 负载均衡的意义

互联网发展的最初阶段，用户数量少且操作相对简单，此时用户的需求利用单个服务器即可完成。随着互联网技术的不断发展，不仅网络用户数量迅速增长，用户的操作也更复杂，此时对服务器的响应时间、稳定性都提出了更高的要求，单个的服务器已不能满足用户的要求，因此必须从单一的服务器转变为使用服务器集群解决这些问题。用户的需求由服务器集群中的各个服务器协作完成。

在服务器协作工作过程中，不可避免地出现服务器间负载不均衡的状况，例如一些服务器节点上的任务很多或者存储数据多，负载比较重，而另一些服务器处于空闲状态或者存储数据少，负载比较轻。这将会导致整个集群系统的性能下降。因此，如何在多台服务器间合理地进行数据存储、分配任务、调度资源是一个迫切需要解决的问题，这就是所谓的负载均衡的问题。负载均衡问题就是为了获得最优的资源利用率，在多个进程、计算机、磁盘或者其他资源间进行任务的合理调度，降低计算时间[48]。负载均衡问题一直是云计算研究领域里的热点研究问题之一,尤其对于异构系统,由于系统中节点配置、资源类型的多样性,使得负载均衡更加困难。

根据发生的时机不同,负载均衡策略可以发生在两个阶段[49]。一个是在任务请求到来初始时刻,根据设定的负载均衡算法直接对任务进行分配,分配到相应的节点上;另一个是在某些节点负载过重时,把负载过重的节点上的负载迁移到负载轻的节点上,后者是研究的重点。

2.3 负载均衡算法的分类

按照不同的分类方法,负载均衡算法可以分为不同的种类。

2.3.1 动态负载均衡算法和静态负载均衡算法

负载均衡根据调节策略的不同,一般分为静态负载均衡算法和动态负载均衡算法两类。

静态负载均衡算法是按照预先定制好的负载均衡方案,计算节点的负载,进行任务的分配,不考虑各节点的资源负载状况。静态负载均衡算法实现简单、开销小,但由于进行负载分配时不考虑各节点的负载情况,因此分配的方案不一定会满足负载均衡的要求,更严重的情况有时可能导致负载不均衡。常见的静态负载均衡算法有轮询法、随机放置法、加权轮询法等。

文献[50]提出一种基于 RR 调度算法的负载均衡算

法,将虚拟机按序分配到各节点上。该算法实现简单,由于物理机和虚拟机配置具有差异性,负载均衡的效果并不理想。文献[51]重点考虑节点性能不一致情况,节点的处理能力用权值的大小进行表示,根据权值的大小分配任务。文献[52]提出了一种基于目标地址的哈希调度算法,首先完成请求目标 IP 地址到哈希键的转换,这个转换依据哈希函数完成,再从哈希表中根据哈希键找到对应的负载不重的物理机,最后将请求发送到选定的物理机上。

动态负载均衡算法通过实时计算各节点的负载,动态地根据各节点的负载情况进行任务的分配。动态负载均衡算法更多地考虑了各节点的真实负载情况,因此任务的分配更合理,但由于要实时计算节点的负载,增加了额外的开销,算法复杂度比较高。常见的动态负载均衡算法有最小链接法、加权最小链接法等。

文献[53]根据负载与权值的比值进行虚拟机分配,选择比值最小的物理机分配虚拟机。文献[33]中负载度量方法是一种基于资源利用率乘积的方法,根据物理机和虚拟机的负载度量值,迁移超负载物理机上的虚拟机。文献[54]中首先选择第一个正常的物理机的值作为基准值,然后加权比较其他物理机的信息与基准信息,其中比值最小的物理机为负载最轻的物理机,以这个物理机接收新的虚拟机请求。它是一种基于负载基准的对比方法。

总体上来说,静态负载均衡较为简单、容易实现,但适应性不强,因为任务的大小与执行时间等性能在运行前无法准确地预测,所以对其静态划分存在很大的误差,只能根据经验进行大致评估。相反,动态负载平衡具有很好的发展前景,但是实现起来比静态的要难很多。它根据节点的实时负载与响应情况而调整分配节点,并且在运行的过程中也能根据各节点的负载情况,动态地调整各节点上的任务数,达到充分利用集群资源的目的。所以,目前大部分系统都采用动态负载策略。

2.3.2 集中式负载均衡算法和分布式负载均衡算法

在动态负载均衡算法中,根据控制方式的不同,又可以将其分为集中式策略和分布式策略。

集中式负载均衡算法中,存在一个中央控制节点,负责整个系统的任务调度。中央控制节点负责统计各个节点的负载情况,它会周期性地进行统计,根据它获取的所有节点的负载值对各个节点进行统一管理,决定如何进行资源调度。这种集中式的方式维护容易、实现简单,但对于中央节点的要求非常高。

分布式负载均衡算法中,由各个节点共同完成负载均衡,不存在中央控制节点,各个节点的地位是平等的,都可以发出资源调度命令,都会向其他节点发送负载信息,也都会收到其他节点发来的负载信息。分布式方案不会依赖中央节点,系统扩展性好,但由于各个节点要频繁通信,浪费了网络的带宽,同时实现非常复杂。

由于分布式和集中式各有优缺点,在系统的实现过程中会根据性能的要求不同,而采用不同方式。

2.3.3 预测法和实测法

预测法是根据之前各节点的负载情况,预测判断下一时刻的负载情况,然后对任务或资源进行分配。Bonomi 等学者提出的算法是一种预测算法。它的预测依据是进程的瞬时信息,以这个值对未来的负载情况进行预测,根据预测的值进行分配调度[57]。文献[58]中,作者对节点负载的预测利用了 BP 算法,预测下一时刻的负载并进行调度。文献[59]中,作者运用模拟退火算法对下一阶段的负载值进行预测。

实测法是实时地获取当前各节点的负载情况,运用合适的算法进行负载的转移。文献[60]提出了一种基于加权时序动态算法的动态负载均衡算法,该算法着重考虑分组到达率和服务率的关系,算法随着这两个指标改变而改变,算法中的权重能够进行自动调整。文献[61]主要研究了负载均衡中产生的额外开销的问题。作者提出了一个粒度公式,该粒度公式能够避免产生额外开销,当启动条件满足此粒度公式时则触发负载均衡。

2.3.4 接收者和发送者启动策略

从负载均衡触发角度的不同,可以分为发送者启动、接收者启动及对称启动策略。

发送者启动是指任务的拥有者按照一定的规则或者策略,去主动寻找或者定位任务的执行节点,在一定的情况下,比如说集群系统的负载很轻时,它能轻松地找到执行节点；但是同样也存在着另一个极端，就是集群的负载已经接近临界了，此时若采用这个策略，很容易造成系统崩溃。

接收者启动策略，顾名思义，它是与上一个策略相对应的。所以这两个策略在一定程度上形成互补，当发送者策略不适合时，就可以采用接收者启动策略，反之亦然。这里就不作详述了。

将接收者启动策略和发送者启动策略结合起来使用，就形成了对称启动算法，在这个算法中会有个触发条件，比如说当接收者启动策略不适合此时系统的负荷时，就会终止此策略，而启动另一个策略。

2.3.5 其他分类

另外，根据算法的各种特点可按照以下几种情况分类：

（1）全局的和局部的 局部负载均衡算法是在相临近节点中转移任务，全局负载均衡算法则可根据全局情况在更大范围内调整负载。

（2）协作的和非协作的 非协作算法中各节点仅根据自己的状态决定分配规则，而协作的算法则由全局节点状态共同决定策略。

（3）适应性算法和非适应性算法 非适应性算法在过程中不会根据系统状态而改变，而适应性的则会根据当前系统状态改变策略[59]。

此外，根据负载分配的触发、时机、范围、控制方式等特点出发，负载均衡算法有不同的分类方式和使用情况。

当前负载均衡算法中,最基本的算法简单易行,但自然而然效率低下并存在着其他方面的缺陷,但是经典算法的思想对下面的算法策略研究特别是定位空闲节点具有很重要的参考价值。后文介绍的蜂群算法和随机抽样算法,它们分别是集中式和分布式算法中的典型算法。

2.4 常用的负载均衡算法

2.4.1 轮询算法

轮询(Round Robin Scheduling)算法就是以轮叫的方式依次将请求调度到不同的服务器,即每次调度执行 $i=(i+1)\%N$,并选出第 i 台服务器。集群中的每个服务器获得用户任务的机会都是均等的,不用考虑服务器的处理能力与服务器的实际负载情况。这种算法的优点一目了然就是其简洁性,不用记录服务器连接的状态,是一种无状态调度。

假设集群中有 N 台服务器,从 1 到 N 进行标记,轮询算法的思想就是从上次最后一个用户任务对应的下一个服务器开始,将任务轮流分配到服务器上,直到 N,若任务没分配好,则从 1 开始再次循环,直到所有任务分配好。在实际情况中,由于有时要屏蔽服务器故障或进行系统维护,这时该服务器就不能被调用,我们可以加入一额外条件,即对该服务器设置一标志位,如 0 表示不可用。

轮询算法是建立在集群中的各个服务器拥有相同的

处理性能基础上的,它不用考虑服务器上的任务数以及每个任务的处理时间。该算法实现简单,开销小,但不适合各服务器处理能力不一样的情况,很显然当用户任务对资源需求不一样时势必会造成服务器间的负载不均衡。所以,这种算法只能用在集群系统中每个服务器拥有一样的处理能力且用户的任务请求不会出现太大的波动的情况。

2.4.2　加权算法

加权方法不能单独地作为一个算法来使用,它一般是对其他算法的某些方面的特性进行加权,所以它只能与其他方法合用,是他们的一个很好的补充。加权算法根据节点的优先级或当前的负载状况(即权值)等情况综合构成一个权值,权值高的节点优先接收任务,可用一个优先级队列存储,在任务分配或转移时可以优先考虑权值高的节点。

2.4.3　加权轮询均衡算法

由于每台服务器的配置、安装的业务应用等不同,其处理能力会不一样。所以,我们根据服务器的不同处理能力,给每个服务器分配不同的权值,使其能够接受相应权值数的服务请求,这就是加权轮询算法。在实际中各服务器的处理性能基本上是不一样的,轮询算法就显得力不从心了,加权轮询算法就是在轮询的基础上引入了权重的概念来进行改进。加权轮询算法会依据每个服务器处理性能的差别来分配不同的权值。如服务器 B 的处理能力是

A 的两倍,则服务器 B 的权值为 2,A 的权值为 1。默认情况下,各服务器的权值均为 1。当有用户发出任务请求时,就可以依据权值来进行分配,这是通过权值的高低和轮询方式来进行分配的。权值高的服务器就可以比权值低的服务器优先取得用户任务,同时可以取得更多的用户任务,权值相同的服务器就可以采用轮询的方式或者在它们之间随机分配。

由于引入了权值的概念,加权轮询算法就能够依据每台服务器的不同处理性能来分配用户的任务请求,使处理能力强的服务器优先处理,防止性能差的服务器处理更多的任务。除此之外,负载均衡器可以依据每台服务器的具体负载情况动态地调整权值,减小高负载服务器的权值,增大低负载服务器的权值。与轮叫调度一样,当有服务器要进行维护时就将给服务器的标志位设为 0;若每台服务器的标志位均为零,那么表示所有服务器都不能够被使用,一切新的连接都会被丢掉。

2.4.4 最少连接数与加权最少连接数算法

此算法属于集中式算法,在中心节点中记录每个服务器节点当前的连接数,把新来的任务发给当前含有最少连接数的节点,由于此算法只考虑到任务数量,而未考虑任务间的差异性,如任务执行时间和所需资源的不同等因素,因此在某些情况下,该算法在均衡方面的效果并不好。

加权最小连接数算法是在最小连接数算法的基础上,

对服务器节点的性能进行加权处理,各个服务器用相应的权值表示其处理性能。均衡器可以动态地设置服务器的权值。加权最小连接数算法在调度新任务时尽可能使服务器的已建立连接数和其权值成比例。

2.4.5 最低缺失算法

此算法属于集中式算法,在中心节点中记录各个节点执行任务的情况,把新到来的任务发给历史上处理请求最少的节点。与最少连接法不同的是,最低缺失记录过去的总连接数而不是当前的连接数。所以此算法的缺点是无法真实反映节点实时负载状况。

2.4.6 最快响应算法

最快响应算法使用广播的形式,将自己的超载信息发送出去,其他节点收到此信息后,根据自身的负载状况做出相应回应,响应时间最短的节点将作为执行节点。

2.4.7 随机法

随机法和轮询算法一样,每个节点执行的机会均等,因为在该算法中,每个节点会被赋予一个随机值,拿到最大或者最小值的节点就是执行节点。因此从概率学上说,此算法和轮询有异曲同工之处。赋给系统中各节点一个由伪随机算法产生的值,具有最小或最大随机数的节点最有优先权。该算法也是要求各节点性能和执行能力相当,才能发挥出最好的性能。

2.5　负载均衡算法的评价

　　负载均衡算法设计得好坏对整个集群环境的性能起到至关重要的作用,算法设计得不好,就会导致集群的负载失衡[55]。在现有的负载均衡算法中,有些简单的均衡算法可以独立使用,有些必须和其他简单或高级算法结合起来使用,这些在前面的章节中已经提及过。同样一个好的负载均衡算法也并不是通用的,它一般只是适用于某些特殊的应用环境。因此在评价一个负载均衡算法的同时,不能只看到算法本身,也要注意算法本身的适用面,并在采取集群部署的时候根据集群自身的特点进行综合考虑,把不同的算法和技术结合起来使用。通常,我们会使用以下五个性能指标来评价一个负载均衡算法的优劣:

　　第一,算法是否具有有效性,即要求以最小的代价实现系统最大程度的平衡,通常会以用户请求的平均响应时间来衡量;

　　第二,算法是否具有稳定性,即保证系统停止服务的时间尽可能短,要保证系统正常提供服务的能力,特别是当系统内大多数节点处于重载状态时,所选用的负载平衡策略要能够改善系统的性能,而不是加重系统负载情况;

　　第三,算法是否具有可靠性,即要保证当系统中的某个节点崩溃后不影响到其他节点的正常工作或者当动态添加节点时无须停止服务;

第四,算法是否具有透明性,即用户不必关心负载均衡策略以及任务的迁移及执行过程,用户关心的是任务执行的效率如何,是否得到自己想要的结果等,所以算法实现细节对用户来说是完全透明的;

第五,算法是否具有可扩展性,即本算法是否适用于集群规模发生变化的情况。

以上涉及的五个性能方面的标准并不是各自独立存在的,而是相辅相成的,在实际运用中,可根据具体情况将这五方面的标准予以结合考虑,权衡其中的利弊,根据当时的环境及要求达到一种折中的性能。

2.6　负载的度量

每个负载均衡算法均涉及需要确定负载值的问题,选择一些合适指标才能计算出较准确的综合负载值。负载值的准确与否将直接影响负载均衡算法,因此负载信息的度量因素十分重要。在确定负载度量因素时,通常要考虑以下情况:

①负载信息易于收集,开销要小;

②这些负载度量指标能够正确反应节点的负载情况;

③各项负载度量指标直接相互独立。

一般地,负载度量方法[66]包括根据请求数进行负载度量及根据资源利用率进行负载度量。根据请求数进行负载度量的方法是在确定系统的负载值时利用节点收到的请求数,该方法简单、实现容易,但由于节点的异构性,即使请求数相同,节点的负载应该是不同的。根据资源利用率进行负载度量的原理是,节点的负载根据各节点上的资源使用率进行确定,每个节点的 CPU 处理能力、内存容量、I/O 性能都属于节点的资源范畴。针对云计算系统的特点,采用根据资源利用率的方式计算负载值更能适应这种异构的云计算环境。此时,常用的能用于负载度量的指标有 CPU 性能、内存、带宽和输入/输出等方面。

(1)CPU 性能　　CPU 是非常重要的衡量负载的指标,衡量 CPU 的参数包括:正在运行的进程个数、等待的进程个数、某段时间内的平均 CPU 利用率及 CPU 队列长度等[67]。

(2)内存　　内存是衡量计算机性能的重要指标,通常选用内存利用率来评价内存。一般情况下,内存不能单独作为负载衡量的指标来评价负载值,需要结合其他指标综合计算负载值。

(3)带宽　　使用带宽衡量负载情况时,一般选用带宽利用率。一般情况下,不单独选用带宽一个指标衡量负载值,而是结合其他指标一起衡量。

(4)输入/输出　　衡量输入/输出指标一般为吞吐量、等待输入/输出请求数和就绪队列输入/输出请求数。

究竟选择哪个指标评价负载值要结合具体的应用任务,需要处理计算密集型任务时,选择 CPU 和内存等作为评价指标更合适;当需要处理读写密集型任务时,选择输入/输出指标更合适。

2.7　本章小结

　　本章对云计算环境下负载均衡的相关技术进行概述性的总结阐述。主要介绍了进行负载均衡的意义;根据不同的分类方法,对负载均衡技术进行了分类;介绍了轮询算法、加权轮询算法、最小连接算法、最低缺失算法等常用的负载均衡算法;分析了负载均衡算法的评价方法及负载的度量方法;最后介绍了数据存储的负载均衡算法以及资源调度的负载均衡算法。

第3章
云计算及云存储

3.1 云计算

3.1.1 云计算概述

云计算是一种新兴的计算模式,其概念由 Google 于 2006 年首次提出。其核心思想是,将大量的分布式资源构建成资源池,进行统一管理和调度,用户可以按需弹性地使用资源池中的服务,而不需要管理它们。云计算涵括了通过网络以服务形式发布的应用程序、数据中心里用以提供这些服务的硬件以及系统软件。这种网络服务称为 SaaS(Software as a Service,软件即服务),而数据中心里的硬件以及系统软件则称之为"云"。云通常分为公有云和私有云两种,如果云对互联网上的用户以按使用付费的支付手段开放,则称之为公有云,公有云提供出售的服务称为效用计算(Utility Computing);如果云只对组织内部开放,则称其为私有云。严格来说,云计算理念并不是一种新的理念,这种将计算视为效用(computing as a utility)的理念早已有之,云计算只是这种理念的延伸,并在近年发展成为一种实际的商业模式。

业界对云计算的理解和定义甚多,较为广泛引用的是美国国家标准与技术学会 NIST(National Institute of Standards and Technology)对云计算的定义:云计算是一种能够通过网络以便利的、按需的方式获取计算资源(网络、服务器、存储、应用)的模式,这些资源来自一个共享、可配置的资源池,并能够快速获取和释放。究其实质,云计算是一种利用大规模低成本运算单元通过网络连接、以提供各种计算和存储服务的信息技术。云计算的核心思想是,将大量的计算资源进行集中的统一管理和调度构建成计算资源池,用户可以按需弹性地使用资源池中的服务,对用户而言云中的资源是无限的。

一个应用需要的资源可以分为计算资源、存储资源和(网络)通信资源,云计算服务为了给用户提供使用资源的弹性,应分别对这三种资源进行虚拟化。虚拟化进一步增强了云计算的灵活性,因为它是基于硬件基础上的高层次抽象:在硬件之上,可以在无须连接具体物理服务器的情况下快速部署和重新部署软件栈。虚拟化构建了一个动态数据中心,其中的服务器提供了一个包含可按照需要使用资源的资源池,并且,其中的应用程序与计算、存储和通信资源的关系可动态变化,以适应工作负载和业务需求。由于将虚拟机作为标准部署对象,使得应用程序部署和物理服务器部署相分离,因此可快速部署和扩展应用程序,而不必首先购置物理服务器。把虚拟机和设备作为标准部署对象结合在一起是云计算的关键特性之一。云对资源的抽象程度不同，提供给用户的计算效用也不同。亚马逊 EC2 给用户提供了低层次的资源抽象。对用户来说，一个 EC2 实例就像一台真实的物理机器，用户可以完全控制这台机器包含内核在内的所有软件，这种类型的云服务称之为 IaaS。IaaS 的不足之处在于它无法很好地支持用户应用的自动可扩展性和故障转移，因为 EC2 只是提供了一台低层次的虚拟机器，而无法预知运行在这台虚拟机上的用户应用可能具有的状态。多台虚拟机之间的同步大多采用同步虚拟机内存的方式。另一种类型的云不是直接提供虚拟机给用户，而是给用户提供应用运行的平台，如 Google 的 Google AppEngine 是一个专门给 Web 应用提供平台的云，这种类型的云称为 PaaS(platform as a service,平台即服务)。AppEngine 要求用户将自己的应用划分为无状态的计算部分和有状态的存储部分，这种特性使得 AppEngine 能够给用户提供较好的自动扩展性和高可靠性。

总的来说，云计算有五种基本特征、三种服务模式和四种部署模式。NIST 给出了云计算的五个基本特征。

(1)按需自助服务。不必与服务提供商交互，就可以按需自助地获取云服务。

(2)网络接入方式多样。只需使用联网设备，就可以随时随地获取云服务。

(3)虚拟化。将底层设施抽象为虚拟化资源池，为用户提供透明的云服务。

(4)弹性资源管理。通过对云中资源进行规模化弹性管理,满足用户不断变化的需求。

(5)按需使用。通过对服务进行抽象并计量,使用户可按需使用,并按使用量付费。

NIST 以云计算所提供的服务类型为划分标准,将云计算服务模式分为三种,即 IaaS、PaaS 和 SaaS。

(1)IaaS 为用户提供的能力是弹性可扩展的计算、存储和网络等基础设施资源,用户可随时随地按需使用,并按实际使用量付费。

(2)PaaS 为用户提供的能力是把(自有的或购买的)服务(或应用)部署到云基础设施,这些服务(或应用)需用服务提供商支持的编程语言或工具编写。

(3)SaaS 为用户提供的能力是对运营商运行在云基础设施上的应用程序的使用能力。这类应用程序能被各种客户端设备通过网络访问。

NIST 以云计算使用者的范围为划分标准,将云计算部署模式细分为四种,即公有云、私有云、社区云和混合云。

(1)公有云　被公众和组织所共享。

(2)私有云　被某个组织所独享。

(3)社区云　被几个组织所共享。

(4)混合云　由两个或多个云(私有云、社区云或公有云)组合而成。

依据微软云计算战略,可抽象出三种云计算运营模式:云服务供应商自建运营、合伙共建运营和客户自建运营。

(1)云服务提供商自建运营 由云服务提供商独立构建和运营公有云服务平台,向企业、社会组织、个人等各类用户提供云服务。

(2)合伙共建运营 独立软件开发商或系统集成商等各类合作伙伴可基于云服务提供商的云平台开发各种云应用,并在此平台上为最终用户提供云服务。此外,云服务提供商的部分服务也可委托合作伙伴托管运营。

(3)用户自建运营 用户可从云服务提供商提供的若干云计算解决方案中选择适合自身特点的私有云计算平台,或以云服务提供商的私有云计算平台为基础,根据自身需要弹性地分配应用配置和动态扩展项。云服务提供商可为其提供包括产品、技术、平台和运维管理在内的各类指导服务。

3.1.2 云计算的技术特点

(1)无限规模 由具备一定规模的多个节点组成信息系统(服务器池),通过负载均衡等技术,系统规模几乎可以无限扩大。

(2)弹性扩展 系统具有高扩展性和弹性,以即插即用的方式便捷地增加和减少资源。

(3)资源共享 提供一种或者多种形式的计算和存储服务资源池。资源池可通过虚拟方式提供,可同时为多种应用提供服务。

(4)动态分配　实现资源的自动分配管理,包括资源即时监控和自动调度等,且能提供资源使用量的监控和管理。

(5)跨地域性　可将分布于多个物理地点的资源进行有机整合,提供统一的资源管理并共享,在各个物理地点间实现负载均衡。

3.1.3　云计算关键技术

1. 编程模式

为了让用户能够更加轻松地享受云计算提供的服务,同时能够通过编程实现一些特殊的功能,云平台上的编程模式应该尽可能地简单易学,而且要使后台复杂的并行执行和任务调度对用户和编程人员透明。目前云计算中大都采用 Map-Reduce 的编程模式。很多 IT 厂商提出的编程模型也都是在 Map-Reduce 的基础上提出的。

Map-Reduce 不仅是一种编程模型,同时也是一种高效的任务调度模型。它在多核多处理器以及异构集群的环境下都具有非常好的性能。但是它只适合于编写松耦合、高并行度的程序。Map-Reduce 是一种用于处理大规模数据集的编程模式,编程者通过 M 即函数对数据进行分块处理,再通过 Reduce 函数指定的规则对分块的数据处理结果进行归约。用户只需要知道 Map 和 Reduce 函数,不需要关心如何输入数据以及对数据的分配和调度。一个 Map-Reduce 程序需要五个步骤:输入文件、分配 ma

口并行对数据进行分块处理、本地写中间数据、多个 Reduceworker 并行进行归约、得到最终结果。

2. 虚拟化技术

虚拟化技术是云计算不可缺少的一部分,是实现云计算的核心技术,可以说是虚拟化为我们带来了"云",同时也是云计算区别于传统计算模式的重要特点。通过虚拟化技术可以在单个服务器上运行多个操作系统和应用,它能保证服务器上各个系统和应用之间的隔离性和可扩展性。采用虚拟化可以将应用程序的整个执行环境以打包的形式传递到云计算平台中的其他节点处,轻松实现程序的执行环境与物理环境的隔离,使得应用程序运行环境的改变变得易于实现。通过虚拟化技术还可以将计算机硬件设备进行逻辑上的扩大,大大简化软件的多次配置过程。比如可以通过虚拟化技术将一个 CPU 模拟成多个并行的 CPU,通过虚拟化可以将多个操作系统同时运行在一个计算机平台上,而且在整个系统中应用程序的运行是相互独立的,不会互相影响。这样使得计算机的效率得到了很大的提高。

(1)全虚拟化 全虚拟化是一种完全模拟所有硬件设备的虚拟化模式。在全虚拟化下,虚拟机监视器(VMM)可以模拟和真实硬件完全相同的硬件环境,为每个虚拟机提供包括虚拟 BIOS、虚拟设备和虚拟内存管理等需要完整硬件支持的服务。这个过程不需要硬件或操作系统的协助,因而不需要修改 GuestOS 的内核,GuestOS 完全感知不到是否发生了虚拟化。VMM 翻译核心指令来替换不能虚拟化的指令,通过翻译后的指令去直接访问虚拟硬件,用软件的方式消除 X86 架构的缺陷,使得大多数操作系统都可以以全虚拟化模式运行。全虚拟化的例子有 VMware 和 VirtualPC 等。

(2)半虚拟化　半虚拟化又叫作操作系统协助虚拟化,在半虚拟化下,VMM 需要在操作系统的协助下才能完成对特权指令进行虚拟化,因而需要对 GuestOS 的内核进行修改,以便操作系统能够对有缺陷的指令进行替换。在这种情况下,GuestOS 知道自己运行在虚拟机中。半虚拟化的例子有 Xen 和 Denali。半虚拟化和全虚拟化最主要的区别就是是否要在 VMM 上修改 GuestOS 的内核。

(3)硬件虚拟化　硬件虚拟化又可称为硬件辅助虚拟化,是指 VMM 需要硬件的协助才能完成对资源的虚拟。其思想就是通过引入新指令和处理器运行模式,使 VMM 和 GuestOS 运行在不同模式,当需要 VMM 监控和模拟时则进行模式切换,跟软件的虚拟实现方式相比,硬件虚拟化可以很大程度上提高性能。硬件虚拟化支持操作系统直接在上面运行,而不需要进行二进制转换,减少了相关的性能开销,极大简化了 VMM 设计。

3.1.4　云计算的优势及不足

云计算的应用包含了这样一种思想:把力量联合起来,给其中的每位成员使用。云计算概念从提出至今一直是研究热点,有人认为它代表着未来 IT 业发展方向,也有人认为它只是一种商业噱头。

不可否认的是,云计算通过网络把信息技术当作服务来使用,使得用户能够低成本地按需、自助、以使用情况付费来使用云计算中的计算、存储以及通信等各类资源,是一个革命性的创新。这就好比电力应用,从单个发电机供电模式转变为电厂集中供电模式。它意味着计算能力也可以作为一种商品进行流通,就像煤气、水电一样,取用方便,费用低廉。当然,最大的不同在于,它是通过互联网进行传输的。在不久的将来,也许只需要一台笔记本或者一个手机,就可以通过云计算服务来实现我们需要的一切,甚至包括穷举式的高强度密码破解等超级计算任务。尽管研究者对云计算的观点和未来依然存有分歧,但毋庸置疑,云计算技术具有诸多优势。

1. 最大限度地降低基础设施风险

对 SaaS 服务提供者而言,云计算模式使其无须维护各自的数据中心,与搭建数据中心相比,将服务放在云中更为方便和节省时间。固然,用户对服务的请求往往不是均匀分布的,具有峰值和谷值,若服务提供者自行维护数据中心,需要决定数据中心的资源容量。若根据峰值决定计算中心的容量,将造成资源浪费;倘若资源容量低于峰值,则会造成某些服务请求无法及时响应,从而导致客户流失。

若服务提供者将服务放在云中,可以根据需要动态地扩充计算资源,按需付费;在闲置时再将多余的资源释放掉。这样既可避免闲置时硬件资源的浪费,也可解决当超出预期的服务请求数量到来时部分请求无法满足的问题。

2. 缩短运行时间和响应时间

由于云计算按需使用的特性,使用 10 000 台 EC2 机器 1 小时与使用 1 台 EC2 机器 10 000 小时所需费用是一样的,这使得能够分布式处理的任务可以不再受实际机器数量的限制,得以完全地发挥其分布特性,极大地缩短了其运行时间。对于需要向用户提供良好响应时间的应用来说,重构应用以便把 CPU 密集型任务外包给虚拟机来处理,有助于优化响应时间,同时还能按照需求进行伸缩。

3. 可靠共享和保存服务

对 SaaS 的用户而言,云计算使其可以随时随地获得服务,更易共享数据,且将数据保存在更为可靠的云平台上。

4. 降低研发成本

云计算有助于降低进入新市场的成本。由于基础设施是租用的,无须购买,因而成本得到控制。除购买计算资源和存储资源来降低购置成本之外,云提供商的巨大规模也有助于最大限度地降低成本,从而有助于进一步减少入市成本。而且云计算环境中,应用程序的开发和部署十分快捷,有助于先于竞争者入市。

5. 提高创新能力

云计算有助于加快创新步伐。降低研发成本和进入新兴市场的成本有助于使竞争各方处于同一起跑线,从而使创新型企业可迅速低成本地部署新产品。这一优势使小公司可以更加有效地与具有资本和设备优势的大公司进行竞争。增强竞争能力有助于提高创新能力,而且许多创新是通过利用开源软件实现的,整个行业都会从云计算技术所促成的快速创新中受益。

云计算的新颖之处在于它几乎可以提供无限的廉价存储和计算能力。正是鉴于云计算技术的突出优势,Google、Amazon、IBM、微软、阿里巴巴集团、中国移动等先后推出了自己的云计算计划和产品。以 Amazon 云计算为例,Amazon 通过 EC2(弹性计算云)和 S3(简单存储服务)为用户提供计算和存储服务。收费的服务项目包括 CPU 资源、存储、网络通信带宽以及月租费。月租费与电话月租费相似,存储、带宽按容量收费,CPU 根据时长(小时)运算量收费。不到两年时间,Amazon 上的注册开发人员已达 44 万人,还不包括为数众多的企业级用户。有第三方统计机构提供的数据显示,Amazon 与云计算相关的业务收入已达 1 亿美元。云计算已经成为 Amazon 增长最快的业务之一。

3.1.5 现有开源云计算平台介绍

近几年,IBM、Google、Amazon、MicroSoft 等公司都

推出了相应的云计算平台及服务,但它们大都是基于商业用途的,并不以开源的形式作为研究和学习之用。下面介绍几个可用于研究之用的开源云计算平台。

1. abiCloud 云计算平台

abiCloud 是西班牙 Abiqoo 公司开发的开源云计算平台。它能够以快速、简单和可扩展的方式创建和管理大型、复杂的 IT 基础设施(包括虚拟服务器、网络、应用、存储设备等)。abiCloud 有强大的 Web 界面管理能力,可以简单地通过鼠标拖拽虚拟机来部署一个新的服务。与其他云计算平台通过命令行的方式相比更加灵活和简便。

abiCloud 能够在异构环境下根据云服务提供商的要求和特定的配置实现云计算系统的部署。能通过打包的方式完成相同 abiCloud 平台间云计算系统的迁移和重新部署。abiCloud 是基于 Java 语言开发的,具有很好的平台无关性和可移植性,它支持包括 VirtualBox、VMWare、Xen、Kvm 等虚拟机。

2. Eucalyptus 云计算平台

Eucalyptus 是加利福尼亚大学为实现云计算而开发的一个开源项目,它实现了 Infrastrueture as a Service (IaaS)服务,使用户能够通过 Xen 或 Kvm 虚拟化技术来实现对物理资源的分配和管理。Eucalyptus 具有与亚马逊 EC2、S3 和 EBS 相同的接口和协议,同时使用 Web Service 技术实现对虚拟机的管理,具有规范定义的应用接

口,用户可以根据自身的需求进行功能扩展,添加客户端管理插件。主要包括如下组件:

(1)云控制器(CloudController,CLC) 是云平台上做全局决定的组件,是用户和管理员进入云端的入口,负责处理用户和管理员的管理请求,维护系统和用户相关的元数据,对高层的虚拟机调度做出决定,并提供资源管理服务、数据和接口管理服务。

(2)集群控制器(ClusterController,CC) 是管理节点控制器的组件,是公共网络和私有云交互的接口。它负责收集所属节点的状态信息,并根据节点的资源状态信息调度进入的虚拟机实例执行请求到合适的节点控制器上,并管理公共和私有云网络的配置。

(3)节点控制器(NodeController,NC) 是运行在物理节点上的一个组件,负责启动、监控、关闭和删除虚拟机实例等工作。Eucalyptus通过这些控制器提供的接口实现用户对云计算平台上各种资源的访问和管理。

3. Nimbus 云计算平台

Nimbus 是基于网格中间件 Globus 实现的开源云计算平台,它通过一套开源工具实现了了 Iaas 服务,能够解决科学计算的需求。Nimbus 平台主要包含如下组件:workspace service 节点管理器、基于 WSRF 的远程协议、基于 EC2 的远程协议、云计算客户端、Workspace Pilot 等。Nimbus 项目各个组件可以通过多种异构方式进行组合,在设计上非常轻量化且具备自完备性。在 Nimbus 平台下,客户端通过部署虚拟机的方式租用远程资源。Nimbus 部署在服务节点上,运行环境仅需 Java 和 bash,在管理节点上,还需要具备 Python、以太网连接层桥接工具 ebtables、DHCPd 以及 Xen 虚拟化环境。Nimbus 包含缓存管理、网络传输、本地资源管理、细粒度执行、安全机制等各个方面的设计目标,功能强大。但是它的易用性不太好,大多数配置工作都需要通过命令行完成。

4. OpenNebula 云计算平台

OpenNebula 是一个开源的虚拟机基础设施引擎,用于动态部署虚拟机在一群物理资源上。它实现了虚拟机平台从单一实体机器到集群实体机器的转变。它允许用户部署和管理物理设备上的虚拟机,能够根据服务负载情况的变化灵活地在虚拟设备之间转移数据中心和集群。OpenNebula 与 Nimbus 最大的区别在于 OpenNebula 在 EC2 和 WSRF 的基础上实现了远程服务接口。

OpenNebula 是一个开源灵活的虚拟设施管理工具,它能够用于实现存储、网络和虚拟技术之间的同步,能够按照数据中心和远端云平台上的资源分配策略动态地部署服务。通过 OpenNebula 提供的内部接口,用户能方便地部署各种类型的云。OpenNebula 主要是用于管理私有云和集群上的数据中心,不过它也支持混合云对本地和公共资源的连接。通过 OpenNebula 提供的控制接口,用户能够访问 OpenNebula 平台提供的各种服务。OpenNebula 云计算平台有很多优点,首先,它能够根据不同的需求通过增加虚拟机和分割集群动态地实现云平台上基础设施规模的调整。其次,它能够对分布式的物理设备进行集中管理和分配,保证了物理资源的高效利用。再次,通过对本地资源和远程资源的整合,减小了高峰期的额外系统花费。OpenNebula 是一个开源灵活并且具有广泛扩展接口的云计算平台,它适用于云计算系统上各种数据中心的部署和管理。

3.2　云存储

3.2.1　云存储概述

云存储(Cloud Storage)是与云计算同时兴起的一个概念,存储在云计算中的基础支撑作用和地位是被广泛认可的。随着 Web2.0 技术的大量应用,大量的信息以井喷的态势出现在互联网上,如何应对这种信息爆炸式的增长速度,如何对这些信息进行有效存储和管理是现阶段面临的挑战之一。云存储是指通过集群应用、网格技术或分布式文件系统等功能,将网络中大量各种不同类型的存储设备通过应用软件集合起来协同工作,共同对外提供数据存储和业务访问功能的一个系统。当云计算系统运算和处理的核心是大量数据的存储和管理时,云计算系统中就需要配置大量的存储设备,此时云计算系统就变成为一个云存储系统,所以云存储是一个以数据存储和管理为核心的云计算系统。

与传统的存储设备相比,云存储不仅仅是一个硬件,而是一个网络设备、存储设备、服务器、应用软件、公用访问接口、接入网、客户端程序等多个部分组成的复杂系统。各部分以存储设备为核心,通过应用软件来对外提供数据存储和业务访问服务。云存储对使用者来讲,不是指某一个具体的设备,而是指一个由许许多多个存储设备和服务器所构成的集合体。使用者使用云存储,并不是使用某一个存储设备,而是使用整个云存储系统带来的一种数据访问服务。所以严格来讲,云存储不是存储,而是一种服务。

与传统的购买存储设备和部署存储软件相比,云存储方式的优点为:

1. 成本低、见效快

传统的购买存储设备或软件定制方式,企业根据信息化管理的需求,一次性投入大量资金购置硬件设备、搭建平台。软件开发则经过漫长的可行性分析、需求调研、软件设计、编码、测试这一过程。往往在软件开发完成以后,业务需求发生变化,不得不对软件进行返工,不仅影响质量,提高成本,更是延误了企业信息化进程,同时造成了企业之间的低水平重复投资以及企业内部周期性、高成本的技术升级。在云存储方式下,企业除了配置必要的终端设备接受存储服务外,不需要投入额外的资金来搭建平台。企业只需按用户数分期租用服务,规避了一次性投资的风险,降低使用成本,而且对于选定的服务,可以立即投入使用,既方便又快捷。

2. 易于管理

传统方式下,企业需要配置专业的 IT 人员进行系统的维护,由此带来技术和资本成本。云存储模式下,维护工作以及系统的更新升级都由云存储服务提供商完成。企业能够以最低的成本享受到最新最专业的服务。

3. 方式灵活,伸缩自如

传统的购买和定制模式下,一旦完成资金的一次性投入,系统无法在后续使用中动态调整。随着设备的更新换代,落后的硬件平台难以处置;随着业务需求的不断变化,软件需要不断地更新升级甚至重构来与之相适应,导致维护成本高昂,很容易发展到不可控的程度。而云存储方式一般按照客户数、使用时间、服务项目进行收费。企业可根据业务需求变化、人员增减、资金承受能力,随时调整其租用服务方式,真正做到按需使用,即用即付。

3.2.2 国外云存储的研究进展

1. Amazon 云存储方案

Amazon 公司是最早推出云存储服务的企业,也是最成功的企业。为了利用闲置的硬件资源,Amazon 公司从 2006 年开始对外出租存储服务,即简单存储服务(S3),该服务是 Amazon 网络服务的一部分。

2. IBM 云存储方案

IBM 于 2009 年推出了云计算领域的存储战略技术——企业级智能云存储。通过存储虚拟化和基于私有云的存储和归档技术,这项服务能够为企业提供应用程序方面的支持。与其他云存储的提供商不同,IBM 提出的解决方案可以对企业现有的基础架构进行整合。通过虚拟化技术和自动化技术,IBM 可以帮助企业构建属于自己的云计算中心,实现企业硬件资源和软件资源的统一管理、分配、部署、监控和备份,打破应用对资源的独占,帮助企业内部实现云计算和云存储的理念。

3. EMC 云存储方案

EMC 公司推出的云存储基础架构 EMC Atmos 是一种基于策略的管理系统,也是第一套容量高达 PB 字节的信息管理解决方案。Atmos 能通过全球云存储环境,协助客户将大量非结构数据进行自动管理。凭借其全球集中化管理与自动化信息配置功能,可以使 Web 2.0 用户、互联网服务提供商、媒体与娱乐公司等安全地构建和实现云端信息管理服务。EMC Atmos 的领先优势在于信息配送与处理的能力,采用基于策略的管理系统来创建不同层级的云存储。

4. Google 云存储方案

Google 公司于 2010 年推出了 Google Storage for

Developers 服务,该服务提供的数据存储可以在位于美国的几个数据中心之间复制,只提供少量的 Google 服务开发者,每个账户拥有 100 GB 的存储和 300 GB 的带宽。数据以对象的形式存储,组织方式为单层的继承结构并放在 Bucket 中。账户中的 Bucket 的组织方式也是单层的继承结构。所有的 Bucket 可以跨越 GSD 共享一个公共的命名空间。Google 允许开发者通过 Google 账号进行数据下载、备份服务。

5. HP 云存储方案

为了应对云存储的挑战,HP 提出了"融合基础架构"的概念,即把服务器、存储资源、网络、软件以及管理融合在一起,形成虚拟的资源池,进而实现云计算和云存储。

3.2.3 国内产业界云存储方案

以传统硬件制造商为主导,代表有华为。华为是国内著名的电信设备制造商和网络解决方案提供商,就其现有资源看,雄厚的资金实力和完备的硬件支持是其挺进云存储领域的资本,也是令其他公司可望而不可即的资源。

以门户网站巨头为主导,代表有新浪(微盘)。微博的成果再一次见证了当年博客推出时的辉煌,开发者开放平台和微博开放平台的双重推动又让其胃口进一步大增。在此基础上,新浪推出云存储工具"微盘",既是对自身开放平台底层架构的完善,也是吸引开发者入驻和提高普通用户黏性的利器。

以云端化的传统应用工具为主导,代表有金山(快盘)。几乎与华为DBank同期出道的快盘,也一直保持着快速发展的势头,目前已经先后推出了 PC 版、Android 版、iPad 版、便携版等,产品线推展得最快最全。

以网络在线存储空间为主导,代表有 115 网盘。115 网盘本身从事在线存储业务的项目,拥有众多铁杆用户,其最近宣布将在后续加入文件同步功能,向云存储迈进一步。

以下载工具为主导,代表有腾讯(随身盘)。本身从事的业务与大容量文件存储、多人多线程传输、虚拟化、资源分享相关,又已经具备了占据大量用户终端的客户端,转向云存储服务很自然。

3.2.4　云存储的研究热点

云存储的关键技术包括了服务器、网络、用户、相关控制措施等很多方面。在服务器和相关控制措施方面主要有以下研究点。

1. 云存储系统部署

云存储需要面对的是分布在世界各地且应用技术多样的存储设备。因此,需要根据应用和技术基础进行需求分析,考虑应用数据需求和自治管理的存储资源重定向,根据服务器和用户的历史记录和反馈信息进行优化。

2. 虚拟化技术和云存储可用性

云存储虚拟化是解决数据从逻辑存储到物理存储的

映射过程,从而对用户屏蔽存储的地理差异和存储模式等技术细节。云存储的高可用性是保证应用 QoS 的前提,云存储可用性包括其运行时间和修复的要求。

3. 云存储数据组织

云存储数据组织可以是数据库模式、文件层次、块层次。数据库模式层次可以试用商业数据库产品或者开源数据库,采用记录的组织形式来提高检索速度;文件层次可根据应用执行过程灵活改变;块层次是更低层的数据存储形式,纯块层次的数据忽略了语义,所以需要和其他的存储组织形式结合。

4. 数据迁移和负载均衡

保证存储系统的负载均衡可以提高存储系统的可用性和响应速度。数据迁移是保证负载均衡的方法之一,但会带来额外的带宽和 I/O 开销。同时,通过冗余多个副本,数据迁移还可以解决单点失效问题。

5. 重复数据删除

由于指数级的数据增长,使得节省数据空间变得越来越重要。重复数据删除是一种为了减少存储空间、压缩内部副本数据的存储备份存档和恢复技术,可以很好地解决云存储中大规模数据的空间问题和安全问题。

6. 存储安全

存储安全需要解决存储介质安全和数据安全。作为公共网络存储,云安全技术包括了认证、权限、审计、加密等。云存储安全还可扩展到整个云存储服务过程,包括硬件、软件、数据、信息、网络安全以及用户隐私等。

3.3 GFS

Google 的文件系统为 GFS[68],其全称为 Google File System,它主要用来解决文件的存储与管理等问题。比较 GFS 与传统的分布式文件系统,它们在性能、可靠性、可用性、可伸缩性等方面的设计目标是一致的。

3.3.1 系统架构

GFS 集群由服务器及客户端组成,如图 3.1 所示,服务器包括一台主服务器(Master)和多台块服务器(ChunkServer),所有的这些服务器通常都是普通的 Linux 机器。为了进行数据备份,会为主服务器进行备份,但实际工作的主服务器只有一台。块服务器有多台,分布在网络的各个区域。

主服务器的工作是管理文件系统的文件目录结构,或者也可以说是管理元数据。具体包括:确定块副本的存储位置,进行块副本的创建删除,进行块的迁移,对服务器进行负载均衡等。块服务器主要用来存储数据块。客户端与主服务器的交互只是获取元数据,其他所有数据操作都由客户端直接与块服务器进行通信,减少了对主服务器的读写,避免主服务器成为瓶颈。

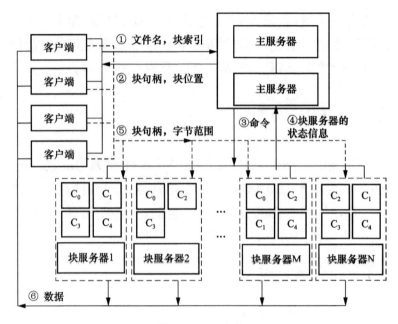

图 3.1　GFS 架构

　　GFS 的文件以块为单位存储数据,块的大小默认为 64 M,其大小也可以由用户调整,所有文件都会被分割成块存储在各个服务器节点上。每个块默认有 3 个副本,副本的数目也可以由用户设定。

　　每个新创建的块都会被主服务器分配一个 64 位的块标识,这个标识是全球唯一的并且不会改变,这些块存储在各个服务器上,访问的时候根据块标识和字节范围查找块。在图 3.1 的 GFS 架构图中,包括 4 个块服务器,存放了 5 个数据块 C_0~C_4,每个块有 3 个副本。

　　客户端以类库的形式为用户提供了文件读写、目录操作等接口,当用户需要进行操作时,客户端配置相应接口。

GFS 客户端代码实现了 Google 文件系统 API、应用程序与主服务器和块服务器通信、对数据的读写等功能,这些代码都嵌入到客户端的程序中。

3.3.2 工作流程

如图 3.1 所示,图中细实线表示客户端与主服务器及主服务器与块服务器的控制消息,粗实线表示块服务器与客户端的数据通信,虚线表示客户端与块服务器的控制消息。客户端首先根据文件结构及块大小计算出块索引;然后把文件名与块索引发送给主服务器(图中的标识①);主服务器将块句柄、块副本的位置信息发送给客户端(图中的标识②);客户端把块句柄及字节范围发送到最近的一个副本中(图中标识⑤);块服务器返回块数据给客户端(图中标识⑥)。一旦客户端从主服务器中获得了块的位置信息后,客户端不再与主服务器进行交互(除非元数据信息过期或文件被重新打开),后续操作客户端直接与块服务器通信。

GFS 中本地硬盘只存放文件的目录结构和分块信息,而块的位置信息则是实时计算的。主服务器不永久保存块服务器与块的映射信息,而是对块服务器轮询来获得这些信息。当主服务器启动或者有新的块服务器时,主服务器向各个块服务器轮询从而得到块信息(图中标识③④)。主服务器也周期地与每个块服务器通信,发送指令到各个块服务器并接收块服务器的信息(图中标识③④)。

GFS 还提供快照和记录追加操作功能。快照可以瞬间对一个文件或者目录树做一个拷贝，并且不会对正在进行的其他操作造成任何干扰。记录追加在保证追加操作的原子性的条件下允许多个客户端同时往一个文件追加数据。这样多个客户端可以在不加附加锁的情况下同时追加数据。

3.3.3　容错

当某个块服务器不能正常工作时，如果主服务器没有发现，仍然把这个块服务器分配给客户端，势必会造成用户无法得到所要的信息。所以主服务器要时刻了解块服务器的状态，通过周期性的心跳信息监控块服务器的状态来保证它持有的信息是最新的。

GFS使用数据库中日志的信息处理主服务器崩溃的情况。名字空间、文件与块的映射信息会记录在系统日志文件中，日志文件存储在本地硬盘上并复制到其他远程主服务器上，这样当主服务器崩溃时数据也不会丢失。操作日志包含了关键的元数据变更历史记录。当主服务器崩溃时，通过重演操作日志把文件系统恢复到最新的状态。当操作日志增长到一定值时主服务器对系统状态做一个镜像，并将所有的状态数据写入镜像文件，此时旧的镜像文件及日志可以被删除。在系统恢复的时候，主服务器读取这个镜像文件，根据镜像文件及最新的日志文件恢复整个文件系统。

如果某个客户端正在进行写文件时却不能正常工作了，那么其他客户端也将无法访问这个文件。GFS使用租约的机制解决这个问题。当客户端要占有某个文件时,与主服务器签订一个租约,初始设定为 60 秒,当块被修改后,主块可以申请更长的租约,这些租约申请信息及批准信息都是在主服务器与块服务器的心跳消息中传递。如果某个客户端崩溃了,当租期到期后,主服务器可以把此文件分配给其他客户端。

3.4 HDFS

Hadoop[69]是 Lucene 项目的一部分,起源于 Apache Nutch,Apache Nutch 是一个开源的网络搜索引擎,Hadoop 是 Apache Lucene 的创始人 Doug Cutting 创建的。2008 年 1 月,Hadoop 已成为 Apache 的顶级项目,到目前为止,很多公司都在使用 Hadoop,Hadoop 最出名的是其分布式文件系统 HDFS 以及 MapReduce[51],同时还有很多子项目提供补充性服务[70,71]。

3.4.1 HDFS 架构

由于云计算系统中的数据通常都是海量级的,对于这样的数据仅靠一台物理机是无法处理的,必须对数据进行分割存储到多台物理机上,此时需要对多台物理机的存储进行管理,完成该功能的文件系统称为分布式文件系统。Hadoop 中的分布式文件系统全称为 Hadoop Distributed Filesystem,简称 HDFS。HDFS 采用的架构为 master/slave 模式,master 即 HDFS 集群中的 Namenode 节点,这个节点只有一个,其中还有多个 Datanode 节点。HDFS 中数据以块(block)的方式存储,这些块存储在 Datanode 集合里,每个文件会被分成多个块。图 3.2 为 HDFS 的架构模型。当客户端要访问文件时,首先客户端从 Namenode 获得此文件所在的数据块的位置列表(Datanode 列表),然后客户端直接从 Datanode 上读取文件,Namenode 不参与文件的传输。

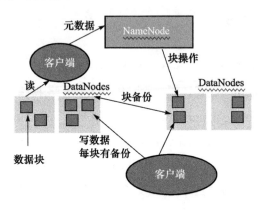

图 3.2　HDFS 架构模型

3.4.2　数据访问方式

HDFS 数据访问方式是一次写入、多次读取。Hadoop 不需要运行在昂贵且可靠的硬件上,它主要使用的是集群上的廉价的 PC 机,因此很容易出现节点故障的情况。当节点出现故障时,必须保证应用能够不间断运行并且故障不能被用户察觉到。HDFS 不支持多个写操作,每个文件只有一个 writer;不允许在文件的任意位置进行修改,总是将数据添加在文件的末尾[53]。

HDFS 以块为单位存储数据,每个块的大小默认为 64 MB,块大小也可以由用户进行设定,文件的块可以存储在不同的节点上。每个块会有副本存放在其他地方,这样一旦节点失效也不至于发生数据丢失的情况。

从某个 Datanode 获取的数据块有可能是损坏的,这个损坏可能是由于 Datanode 的存储设备错误、网络错误或者软件 bug 造成的。HDFS 客户端软件实现了 HDFS 文件内容的校验和。当某个客户端创建一个新的 HDFS 文件,会计算这个文件每个 block 的校验和,并作为一个单独的隐藏文件保存这些校验和在同一个 HDFS namespace 下。当客户端检索文件内容,它会确认从 Datanode 获取的数据跟相应的校验和文件中的校验和是否匹配,如果不匹配,客户端可以选择从其他 Datanode 获取该 block 的副本。

3.4.3 副本

HDFS 的文件以块为单位存储,除了最后一块,其余所有的块都是同样大小,默认为 64 M,存放在各个 Datanode 中,用户可以对块大小进行设定,所有文件都会被分割成多个块。为了保证数据冗余,文件的所有块将被复制多次,存放在其他节点上,默认复制的次数为 3,这个值也可以在文件创建的时候通过设置 replication 因子进行更改。

Namenode 在存储副本时需要选择 Datanode,此时考虑的因素为可靠性、写入带宽和读取带宽等,在这些因素间进行权衡选择存储位置。例如,把所有副本都存储在一个节点损失的写入带宽最小,但如果存储这些副本的节点失效,则所有副本数据全部丢失。另一方面,把副本放在不同的数据中心,当节点失效时仍然能够访问到副本,但数据中心间传输数据会损耗相当的带宽。

默认的 Hadoop 副本的存放策略是:在离写数据最近的 Datanode 上存放第一个副本;选择与第一个副本不同的机架放置第二个副本,放置第二个副本的节点在这个机架上采用随机选择的形式;第三个副本存放的机架与第二个副本相同,但放在与第二个副本不同的节点上。这样的存放有效避免了机架失效时数据丢失的情况,并且可以从多个机架读取数据,有利于组件失效情况下的负载平衡。读数据时 HDFS 会尽量读取最近的副本。图 3.3 为副本存放的位置图。

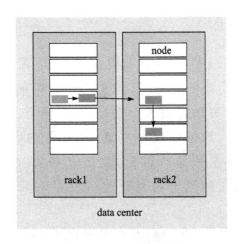

图 3.3 HDFS 副本复制

HDFS 集群有两类节点,并以管理者-工作者模式运行,即一个 Namenode(管理者)和多个 Datanode(工作者)。Namenode 管理文件系统的命名空间,它维护文件系统树及整棵树内所有的文件和目录。Namenode 记录每个文件中各个块所在的数据节点信息,但它并不永久保存块的位置信息,因为这些信息会在系统启动时由数据节点重建。

Datanode 是文件系统的工作节点。它们根据需要存储并检索数据库,定期向 Namenode 发送它们所存储的块的列表。没有 Namenode,文件系统将无法使用,如果运行 Namenode 服务的机器损坏,文件系统上所有文件将会丢失。因此对于 Namenode 实现容错非常重要,Hadoop 提供了两种机制。

(1)备份那些组成文件系统元数据持久状态的文件。Hadoop 可以通过配置使 Namenode 在多个文件系统上保存元数据的持久状态,这些写操作是实时同步的,是原子操作。

(2)运行一个辅助 Namenode,但它不能被用作 Namenode。这个辅助 Namenode 的重要作用是定期编辑日志合并命名空间镜像,以防止编辑日志过大。这个辅助 Namenode 一般在另一台单独的物理计算机上运行,因为它需要占用大量 CPU 时间与 namenode 相同容量的内存来执行合并操作。它会保存合并后的命名空间镜像的副本,并在 Namenode 发生故障时启用。但是,辅助 Namenode 保存的状态总是滞后于主节点,所以在主节点全部失效时,难免会丢失部分数据。在这种情况下,一般把存储在 NFS 上的 namenode 元数据复制到辅助 namenode 并作为新的主 Namenode 运行。

当某个客户端向 HDFS 文件写数据的时候,一开始是写入本地临时文件,假设该文件的 replication 因子设置为 3,那么客户端会从 Namenode 获取一张 Datanode 列表来存放副本。然后客户端开始向第一个 Datanode 传输数据,第一个 Datanode 一小部分一小部分(4 kb)地接收数据,将每个部分写入本地仓库,并且同时传输该部分到第二个 Datanode 节点。第二个 Datanode 也是这样,边收边传,一小部分一小部分地收,存储在本地仓库,同时传给第三个 Datanode,第三个 Datanode 就仅仅是接收并存储了。这就是流水线式的复制。

3.4.4   文件的删除和恢复

用户或者应用删除某个文件,这个文件并不是立刻从 HDFS 中删除。相反,HDFS 将这个文件重命名,并转移到/trash 目录。当文件还在/trash 目录时,该文件可以被迅速地恢复。文件在/trash 中保存的时间是可配置的,当超过这个时间,Namenode 就会将该文件从 namespace 中删除。文件的删除,也将释放关联该文件的数据块。注意到,在文件被用户删除和 HDFS 空闲空间的增加之间会有一个等待时间延迟。

当被删除的文件还保留在/trash 目录中的时候,如果用户想恢复这个文件,可以检索浏览/trash 目录并检索该文件。/trash 目录仅仅保存被删除文件的最近一次拷贝。/trash 目录与其他文件目录没有什么不同,除了一点:HDFS 在该目录上应用了一个特殊的策略来自动删除文件,目前的默认策略是删除保留超过 6 小时的文件,这个策略以后会定义成可配置的接口。

3.4.5 读写文件的过程

1. 读文件的过程

(1)客户端(client)用 FileSystem 的 open()函数打开文件。

(2)DistributedFileSystem 用 RPC 调用元数据节点,得到文件的数据块信息。

(3)对于每一个数据块,元数据节点返回保存数据块的数据节点的地址。

(4)DistributedFileSystem 返回 FSDataInputStream 给客户端,用来读取数据。

(5)客户端调用 stream 的 read()函数开始读取数据。

(6)DFSInputStream 连接保存此文件第一个数据块的最近的数据节点。

(7)Data 从数据节点读到客户端(client)。

(8)当此数据块读取完毕时,DFSInputStream 关闭和此数据节点的连接,然后连接此文件下一个数据块的最近的数据节点。

(9)当客户端读取完毕数据的时候,调用 FSDataInputStream 的 close 函数。

（10）在读取数据的过程中，如果客户端与数据节点的通信出现错误，则尝试连接包含此数据块的下一个数据节点。

（11）失败的数据节点将被记录，以后不再连接。

其工作流程图见图 3.4。

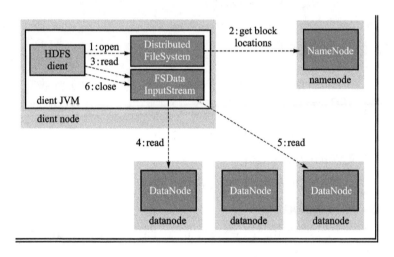

图 3.4　HDFS 读数据流程

2. 写文件的过程

（1）客户端调用 create（）来创建文件。

（2）DistributedFileSystem 用 RPC 调用元数据节点，在文件系统的命名空间中创建一个新的文件。

（3）元数据节点首先确定文件原来不存在，并且客户端有创建文件的权限，然后创建新文件。

（4）DistributedFileSystem 返 回 DFSOutputStream，客户端用于写数据。

（5）客户端开始写入数据，DFSOutputStream 将数据分成块，写入 data queue。

（6）Data queue 由 Data Streamer 读取，并通知元数据节点分配数据节点，用来存储数据块（每块默认复制 3 块）。分配的数据节点放在一个 pipeline 里。

（7）Data Streamer 将数据块写入 pipeline 中的第一个数据节点。第一个数据节点将数据块发送给第二个数据节点。第二个数据节点将数据发送给第三个数据节点。

（8）DFSOutputStream 为发出去的数据块保存了 ack queue，等待 pipeline 中的数据节点告知数据已经写入成功。

（9）如果数据节点在写入的过程中失败：

• 关闭 pipeline，将 ack queue 中的数据块放入 data queue 的开始。

• 当前的数据块在已经写入的数据节点中被元数据节点赋予新的标示，则错误节点重启后能够察觉其数据块是过时的，会被删除。

• 失败的数据节点从 pipeline 中移除，另外的数据块则写入 pipeline 中的另外两个数据节点。

• 元数据节点则被通知此数据块是复制块数不足，将来会再创建第三份备份。

（10）当客户端结束写入数据，则调用 stream 的 close 函数。此操作将所有的数据块写入 pipeline 中的数据节点,并等待 ack queue 返回成功。最后通知元数据节点写入完毕。

写工作流程如图 3.5 所示。

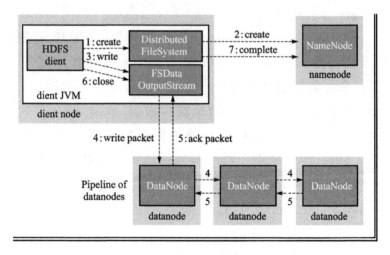

图 3.5　HDFS 写数据流程

3.5　云存储中的副本技术

3.5.1　副本技术概述

随着云存储技术的进一步发展,副本技术已发展为云计算、云存储的一个重要的研究领域。所谓副本就是数据的复制或拷贝,当原始数据丢失或损坏时,通过副本能够找回原始数据。副本技术常用于数据密集型计算、分布式系统等领域,它是将一个数据文件复制为多个副本,然后将这些副本分别存放在分布式系统的多个节点,实现数据冗余,提高系统的性能[72]。

利用副本技术不仅能够提高系统文件的可靠性、提高响应速率,同时也能解决系统的负载均衡问题。数据被存储在多个节点上,某个节点失效时,可以通过访问其他节点上的副本来保证数据的可用性,因此即使节点失效也不会影响用户的访问。用户访问数据时,选择离自己比较近的副本,能够减少通信成本,提高访问效率。存储系统中热点文件的出现,造成了存储该文件的服务器节点的负载过重,此时可以通过副本的复制来分担热点服务器的负载。

副本管理策略包括静态副本管理策略及动态副本管理策略。静态副本管理策略根据初始的算法及文件特性、用户需求等因素确定副本位置及数量并放置副本,系统运行过程中副本的数量及位置不再改变。对于环境稳定的情形适合使用这种策略。动态副本管理策略根据系统运行实时情况动态地创建副本、确定副本的数量、确定副本的放置位置、删除副本、迁移副本等。这种方式适用于环境经常变化的情形。

对于副本技术的研究包含多个方面的内容,例如副本放置的位置、副本的数量、副本是否被创建、副本的删除、副本一致性等。

• 副本创建时机:如果一个数据被较多的用户同时访问,这个数据将会成为瓶颈,影响系统的性能。此时可以创建此数据的副本,存放在其他节点上,分担一定的负载,从而实现负载均衡。

• 副本放置位置:副本放置的位置离访问它的用户越近,越能够减少网络通信量,提高系统的性能。同时副本放置时也要考虑维护副本一致性的成本以及节点的负载情况。

• 副本数量:副本数量越多,则越能满足用户的需求,但过多的副本需要占用更多的存储空间,增大维护成本,同样不利于系统性能的提高。因此必须要确定合理的副本数量。

• 副本删除:当副本长时间没有被访问或者访问的频率比较低时,应该删除这些副本,节省存储空间。常用的算法有最近最少使用 LRU(Least Recently Used)策略、先进先出 FIFO(First In First Out)策略、最不经常使用 LFU(Least Frequently Used)策略。LRU 将副本按照访问时间排序,选择最久未被访问的副本删除。FIFO 是选择最先创建的副本删除。LFU 按照访问频率排序,选择访问频率最低的副本删除。

• 副本一致性维护:当副本被更新时,要保证所有副本一致,副本一致性维护的成本也是必须考虑的因素。

目前无论企业还是学者对于副本技术均进行了研究。HDFS[73]、GFS[74]采用的副本策略中副本的数量默认为 3 个,其中一个副本存放在一个机架上,其余两个副本存放在另一个机架的两个不同节点,以此来保证数据的安全恢复,但它采用的副本策略选取副本的存取位置不一定是最佳的。Amazon S3[75]采用基于一致性哈希[76]的副本策略,将 3 个副本随机地分布在节点上。

针对副本创建问题,Kavitha 等提出了 6 种副本创建策略:无副本和缓存策略、最佳客户端策略、瀑布策略、简单缓存策略、快速传播策略、瀑布＋缓存策略等[77]。针对副本放置问题,文献[78]提出了一种聚类的副本放置策略,该策略对数据副本位置进行了区域优化,优化时主要参考数据间的依赖关系,但该策略没有考虑网络带宽及数据的大小等情况。文献[79]同样也是对副本放置位置策略进行了优化,优化时主要考虑三个方面:数据间的依赖关系、数据的存储区域、系统的负载均衡情况。文献[80]提出了用副本放置策略来解决负载均衡问题,把数据副本存储于负载较轻的节点上。文献[81]提出了一种基于反馈机制的副本数量预测方法,该方法根据历史访问数量情况来预测副本数量。文献[82]提出了一种计算文件所需最小副本数量的策略。

3.5.2　GFS 及 HDFS 中的副本技术

1. GFS 中的副本技术

GFS 默认每个数据块有 3 个副本,用户也可指定不同的副本个数。GFS 以最大化网络带宽利用率及最大化数据可靠性、可用性为副本放置策略的目标。在创建副本时将从以下几个方面选择:优先考虑磁盘利用率低于平均硬盘使用率的服务器;优先考虑最近创建副本较少的服务器;选择位于不同机架上的服务器。

系统运行过程中,当出现副本被损坏、服务器失效、服务器的磁盘出现错误、副本复制数量的提高等情况时,需要重新复制副本。此时优先级最高的服务器被 Master 节点选择,然后由新副本所在的服务器负责复制副本,它会从可用的副本复制出一个副本。

Master 节点为了实现负载均衡,周期性地进行副本调整。首先 Master 节点检查当前的副本分布情况,将副本迁移到磁盘利用率低于平均值的 Chunk 服务器。GFS 采用租约机制维护副本的一致性[83]。

2. Hadoop 中的副本技术

HDFS 中每个数据块默认有 3 个副本,其中一个副本存储在本地机架上,另外两个副本存储在与第一个副本不同的机架上,在这个机架上选择两个不同的节点存放。HDFS 的副本选择策略是让用户选择最近的副本进行读取,若客户端所在机架上存储有副本,则读取该机架上的副本;若集群跨越多个数据中心,那么客户端优先选择本数据中心的副本读取。

HDFS 通过动态地调整副本位置及数量能够实现负载均衡。例如当某个 Datanode 节点上的剩余存储空间很少,可以将该 Datanode 上存储的副本迁移到剩余空间大的 Datanode 上;再如若某文件的访问量变大,可以在其他节点复制该文件的副本分担此节点的负担。

HDFS 中不允许一个机架上存储相同的数据块数量多于两个,同时必须有副本存放于远端的机架上,从而保证数据失效时能够通过副本进行恢复。

3.6 本章小结

本章详细讲述了云计算及云存储的相关技术。介绍了云计算、云存储的概念,包括云计算的概念、云计算的体系结构、云计算的特点、云计算的服务类型、云计算技术的体系结构、云存储的定义、云存储的架构模型、云存储的优势等;描述了 GFS、HDFS 的原理,具体包括 GFS 的架构、GFS 工作流程、GFS 容错机制、HDFS 架构、HDFS 相关技术等;详细介绍了副本技术及 HDFS、GFS 中的副本技术。

第4章
资源调度负载均衡策略——
基于虚拟机迁移的策略

随着云计算技术的日益成熟,云计算技术应用得更加广泛,各个数据中心承担着更复杂、更繁重的任务。"云"中的各个物理机由于数量庞大、异构性强,对它们进行弹性管理、按需服务的要求更强烈。但实际上,这些物理机由于其自身的异构性、地理位置的差异、算法调度的不同,导致一些物理机处于空闲状态,一些物理机处于超负载状态,即它们之间的负载不均衡。负载不均衡必然影响云数据中心的效率以及用户的使用,因此针对各物理机资源不均衡的问题,必须设计一个合理的云计算资源调度算法,这是亟待解决的问题,也是目前研究的热点之一。

本章以虚拟机迁移为基础,设计了一个云计算资源调度策略来实现各个物理机的负载均衡,提出了基于虚拟机迁移的负载均衡策略的框架模块,详细描述了各个模块的功能,对各个模块涉及的算法(一次平滑指数法、信息熵法)进行了阐述。该策略的创新在于把负载重的节点的虚拟机迁移到负载轻的节点上,实现资源调度的负载均衡;预测机制的引用避免了瞬时峰值触发不必要的虚拟机迁移;信息熵算法的应用使得计算负载时各指标的权重更合理,负载值更客观。

4.1 引言

随着计算机技术及互联网技术的不断进步,新一代大规模互联网应用也在飞速发展,越来越多的用户开始使用网络,共享其中的资源,由此诞生了一个崭新的计算、商业模式——云计算。通过云计算平台,用户不需要搭建服务器、不需要购买昂贵的硬件设备、不需要对服务器硬件进行维护,只需按需购买资源、服务,设备维护和安全性都由云计算服务提供商负责。

由于云计算技术的不断进步,云计算服务提供商面临着很大的挑战,用户规模越来越大,用户的需求更多、更复杂,对云计算服务提供商提出了更多更高的要求,他们必须要保证系统性能的稳定、快速、安全,云计算中许多问题有待于进一步去研究解决。由于云计算用户需求的多样性及服务器节点的异构性等特点,很容易导致各服务器节点的负载不均衡,一些服务器处在空闲状态、负载很轻,一些服务器非常忙碌、负载过重,这样将会影响整个系统的性能。据资料显示,我国数据中心的服务器很大一部分处于空闲状态,资源利用率平均只有 10% 左右,但服务器空闲时的功耗也有满载时的 60%[130],因此相当一部分资源都被浪费了。虽然目前存在着一些资源调度算法,但大多资源调度算法都是静态的,不适应云数据中心负载的实时变化。据资料显示,IBM 数据中心服务器的平均利用率只有 $11\% \sim 50\%$ [131]。图 4.1 显示了 Google 服务器的 CPU 6 个月的利用率情况[132]。这些都说明了目前云数据中心的资源利用率并不高。

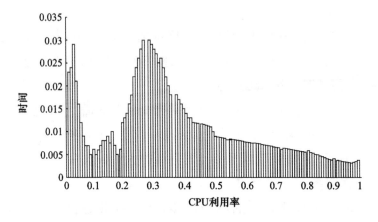

图 4.1　Google 服务器 6 个月的 CPU 利用率

　　为了应对服务器节点负载不均衡的问题,必须设计一个合适的资源调度负载均衡策略。负载均衡就是在集群中的节点间进行负载的迁移,减轻负载重的节点的负载,加大负载轻的节点的负载,使得各节点的负载更均衡,从而缩小响应时间、实现资源利用的最大化[25]。负载均衡技术的应用,将能更好地管理云数据中心的资源、实现资源的优化配置,从而提高资源利用率及系统性能。

　　本章提出的资源调度负载均衡策略是基于虚拟机迁移技术的,其主要解决了以下问题:

（1）设计了一个完整的负载均衡模块框架，并详细对各个模块进行了描述；

（2）使用一次平滑指数算法进行负载预测，减少了不必要的虚拟机迁移；

（3）综合 CPU 利用率、内存利用率、带宽利用率等各因素确定负载值；

（4）利用信息熵确定各个参数的权值，对于差异大的因素分配更大的权值，差异小的因素分配小的权值，更客观地计算负载值。

4.2　研究现状

目前国内外的学者针对不同的侧重点，对云计算资源调度的负载均衡问题进行了很多的研究。Bonomi 等学者使用以进程的瞬时信息度量负载量，预测下一时刻的负载情况并对各服务器的负载做出相应调整[133]。文献[134]中，作者利用了基于误差反向传播的人工神经网络算法，预判未来节点的负载值，从而得到该节点下一时刻的负载状况，并依此为任务调度的依据。文献[135]中，作者将模拟退火算法作为预测算法，对下一时刻节点负载状况进行判断。文献[136]提出了一种加权时序动态算法。同时考虑分组到达率和服务率的关系，当这两个指标改变时，算法随之改变。文献[137]主要讨论了负载均衡中如何产生额外开销的问题。作者提出了一个粒度公式来避免产生额外的开销，当条件满足此粒度公式则开启负载均衡。文献[138]提出了静态负载均衡算法,该算法基于"贪心线性推移"算法,算法使用类似于环状拓扑结构的原理,将造成负载过重的那部分请求按照线性或环的路径递推到下一个服务器节点。文献[42]提出一种基于多智能体遗传算法的动态负载平衡机制,在算法中对参数选择进行训练。文献[139]提出了一种基于虚拟机迁移的负载均衡方法。

负载均衡算法设计的好坏对整个集群环境的性能起到至关重要的作用,算法设计得不好,就会导致集群的负载失衡[117]。以上提到的各种算法,有的使用了预测机制预测负载值,从而预判调度算法是否执行,例如文献[133,134,135]中,主要研究讨论了负载均衡的预测机制;有的提出的是静态负载均衡算法,例如文献[42],算法根据预先定制好的方案进行资源分配;有的采用了动态负载均衡方案,例如文献[136,139],但进行负载均衡时考虑的因素具有相当的局限性。

4.3 虚拟机动态迁移的相关技术

4.3.1 虚拟机动态迁移机制

为了保证迁移后的虚拟机能够在目标主机上恢复运行,虚拟机的迁移过程必须完成对原主机状态和资源的迁移,要向目标主机传递磁盘、内存、即 U 状态、I/O 设备等信息。其中,对于内存的迁移是最有难度和挑战的,因为内存中信息必不可少而且数据量大,CPU 状态和 I/O 设备的迁移则相对简单,它们只占迁移总数据量很少的一部分,磁盘的迁移则最为简单,可以在局域网内通过 NFS (Network FileSystem)的方式共享,而不是数据的真正迁移。因此完成内存、网络和存储的迁移是实现虚拟机迁移的关键技术。

虚拟机动态迁移是把虚拟机的内存、操作系统及其上的各种应用等从源主机迁移到目的主机上,这个迁移是在虚拟机运行期间进行,不会中断虚拟机的运行。对于用户来说,整个迁移的过程几乎是感觉不到的,源主机和目的主机可以是异构的[84]。为了保证迁移前后的虚拟机持一致状态且不影响虚拟机的运行,要对网络状态信息、存储状态信息及运行状态信息进行传递[85,86]。因为内存中信息数据量大,内存的迁移是最难的,相比较而言,CPU 和 I/O 的迁移简单一些,磁盘的迁移最简单。因此对于虚拟机迁移来说,内存、存储、网络的迁移是最关键的。

1. 网络迁移

迁移完成后,虚拟机被迁移到目的主机,并在源主机上删除该虚拟机。迁移之后,目的主机的网络状态与源主机一样,迁移后再与虚拟机通信需要通过目的主机,通信过程不再需要源主机。根据网络环境的不同,虚拟机迁移相关的网络连接和 IP 地址将采取不同的处理方法[87-91]。

虚拟机完成迁移后,需要保持所有的打开的网络连接,而不需要原主机的中转。在对虚拟机系统状态的封装中已经包含了所有的网络协议的状态。但对网络连接和 IP 地址则要根据不同的网络环境采取不同的方法处理。

在局域网中,可以通过在原主机上的一个主动 ARP 重定向包,将原主机的 IP 地址与目标主机的 MAC 地址进行绑定,这样发送的数据包就会转到目的主机上。在广域网中,虚拟机在被迁移后会获取新的 IP 地址,这就会导致原有的网络连接被破坏。这可以通过 IP 隧道和动态 DNS 重定向方案来解决。

2. 存储的迁移

存储迁移要迁移的数据量比较大,因此花费的时间比较多、损耗的网络带宽也比较大,因此不进行真正的存储的迁移,通常采用 NFS、DFS 及 NAS 共享存储的方式共享数据和文件系统[93]。

存储设备迁移的最大困难在于需要占用大量时间和网络带宽,通常的解决方案是以共享的方式共享数据和文件系统,而不是真正的迁移。目前大多使用 NAS(Network Attached Storage,网络连接存储)作为存储设备共享数据。NAS 实际上是一个带有瘦服务器的存储设备,其作用类似于一个专用的文件服务器。在局域网环境下,NAS 已经完全可以实现异构平台之间,如 NT、UNIX 等的数据级共享。

3. 内存的迁移

虚拟机迁移中最困难的是内存的迁移,内存的迁移过程主要分为三个阶段:Push 阶段、Stop-and-Copy 阶段及 Pull 阶段[94,95]。Push 阶段完成内存的预拷贝,虚拟机不被迁移,仍在原主机上运行,以迭代的方式将一些内存页拷贝到目标主机。针对被修改的内存页面,在下一次迭代中拷贝这些页面[96]。Stop-and-Copy 阶段,虚拟机在源主机停止工作,源主机把相应的虚拟机数据拷贝到目的主机上,在目的主机上重启迁移过去的虚拟机,并释放原虚拟机占用的资源[97]。如果虚拟机在目的主机上启动运行过程中发现还有需要的内存页面未被复制过来,会从源主机把该页面复制过来,这个过程称作"Pull"。实际应用中,内存迁移过程不一定要同时含有以上三个阶段,大多选取其中 1 个或 2 个阶段。

在实际应用中,内存的迁移过程并没有必要同时包含上述的三个阶段,目前的虚拟机监视器往往会选择其中的 1 个或 2 个来完成迁移。单独采用 Stop-and-Copy 阶段就是前面章节提到的静态迁移,就是先暂停被迁移的虚拟机,把有内存页拷贝给目标机后,启动新的虚拟机。这种方法比较简单,总迁移时间也最短,但是停机时间显然是无法接受的,停机时间和总迁移时间都与分配给被迁移虚拟机的物理内存大小成正比,仅适合小内存的迁移。

把 Stop-and-Copy 和 Pull 相结合也是一种迁移方案。在 Stop-and-Copy 阶段只把关键的、必要的页拷贝到目的机器上,然后在目的机器上启动新的虚拟机,剩下的页只有在需要使用的时候才拷贝过去。这种方案的停机时间很短,但是总迁移时间很长,而且如果很多页都要在 Pull 阶段拷贝的话,那么由此造成的性能下降也是不可接受的。

Push 和 Stop-and-Copy 阶段结合是第三种内存迁移方案，其思想是采用预拷贝方法，在 Push 阶段将内存页以迭代方式拷贝到目的计算机上，第一轮拷贝所有的页，第二轮只拷贝在第一轮迭代过程中修改过的页，依此类推，第 n 轮拷贝的是在第 $n-1$ 轮迭代过程中修改过的页。当脏页的数目到达某个常数或者迭代到达一定次数时，预拷贝阶段结束，进入 Stop-and-Copy 阶段。这时停机并把剩下的脏页以及运行状态等信息都拷贝过去。预拷贝方法很好地平衡了停机时间和总迁移时间之间的矛盾，是一种比较理想的实时迁移内存的方法。但由于每次更新的页面都要重传，所以对于那些改动比较频繁的页来说，更适合应该在停机阶段，而不是预拷贝阶段传送。这些改动频繁的页被称作工作集。为了保证迁移的效率和整体性能，需要有一种算法能够测定工作集，以避免反复重传。另外，这种方法可能会占用大量的网络带宽，对其他服务造成影响。Xen 采用的就是这种方案。

此外，不同的虚拟机在对内存页的传输方式上也各有不同，如 Xen 采用批量传输方式，而 KVM 则采用一一传输方式。

4.3.2　虚拟机动态迁移过程

虚拟机动态迁移过程包括 4 个模块：实施迁移模块、监听模块、冻结模块和目标域唤醒模块[98]，图 4.2 是虚拟机动态迁移的状态图[96]。

（1）发起迁移　这个过程是由监听模块来实现的。

在虚拟机的管理程序中会有一个监听信号 Stub 用来监听每个域的运行情况,从而用来决定何时进行迁移。如果决定迁移,该模块则会向这个域发送一个迁移信号,同时与网络中的其他节点进行通信确定迁移的目标域。如果目标域是可用的,则操作系统会根据自身情况进行决策,在实施迁移前会向虚拟机监控器(VMM)发送一个"迁移请求"信号,告诉它要迁移了,VMM 则会响应该请求同时返回"请求通过"信号,并且返回其他域的运行情况、资源状态等信息,让该域决定迁移的时间和目标域。发起迁移过程的主要工作是决定迁移的原域、何时迁移以及迁移的目标域。

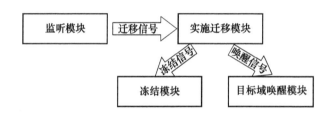

图 4.2 虚拟机动态迁移状态图

(2)实施迁移模块 该过程主要是负责迁移的具体实现,在收到监听模块发送的迁移信号后开始收集原域的状态信息以及系统状态信息,包括 CPU、内存、系统时间、寄存器以及 I/O 设备的状态,对系统的状态信息则进行封装,封装系统的最小状态信息集,同时向冻结模块发送"冻结"信号,对原域及时地进行冻结以拷贝剩余页。在拷贝结束时,向目标域发送"唤醒信号",唤醒目标域。实施迁移是整个迁移过程的核心,直接关系到迁移的整个时间和宕机时间,以及迁移完成后的性能。

(3)冻结模块 主要用于在迁移的过程中解决原域和目标域的同步问题。为了保证迁移后原主机和目标主机的一致性,该模块决定何时对原域进行冻结,以及如何保证系统服务对用户的不间断性。

(4)目标域唤醒模块 在冻结模块冻结原主机后,实施迁移模块继续迁移剩余的内存页,直到完成所有内存页到目标主机的拷贝。拷贝完成后,实施迁移模块会向唤醒模块发送一个唤醒信号以唤醒目标域。该模块决定何时对目标域进行唤醒,完成对新虚拟机的建立,以及保证目标域和原域服务的一致性。

(5)迁移消耗时间 从原域接收迁移请求信号到目标域上新的虚拟机开启的时间差。

(6)宕机时间 从原域冻结开始计算,直到目标域开启,在这段时间内对操作系统而言整个原域服务是中断的,但是对用户而言却是可用的。迁移消耗时间和宕机时间是评价迁移性能的时间标准,反映了整个迁移过程的效率。

4.3.3 两种动态迁移方法

动态迁移就是在保证虚拟机运行的同时,把它从原主机迁移到目的主机,并且在目的主机能够恢复运行的技术。通过动态迁移技术可以实现服务器的在线维修、在线升级和动态的负载均衡,可以提高整个系统的可靠性和高性能。

目前虚拟机的动态迁移方法主要有预拷贝动态迁移和后续拷贝动态迁移两种,为了清晰阐述这两种方法,把原主机记为主机 A,目的主机记为主机 B。

1. 预拷贝动态迁移方法

预拷贝方法是指通过多次迭代的拷贝内存页,把虚拟机从主机 A 拷贝到主机 B,使两者保持一致。其主要步骤如下:

(1)预迁移　如果主机 A 打算迁移在它上面的一个虚拟机,则先选择一个目的主机作为虚拟机的接收点。

(2)预订资源　在主机 A 向主机 B 发起迁移之前要先确认主机 B 是否有足够的可用资源,如果有,则向 B 主机的虚拟机监视器预订这些资源。如果没有,虚拟机则仍然留在主机 A 中运行,主机 A 则继续选择其他计算机作为目的计算机。

(3)迭代预拷贝　为了保持系统的持续性,在这一阶段虚拟机仍然在主机 A 中运行,同时主机 A 以迭代的方式将要迁移的虚拟机内存页拷贝到主机 B 上。要是出现内存修改,则相应的页面会在第二次迭代中重新拷贝。

(4)停机拷贝　停止主机 A 上虚拟机的运行,同时把它的网络连接重定向到主机 B,并且传送 CPU 状态和被修改过的内存页。最后保证主机 A 和主机 B 上虚拟机映像的一致性。

(5)提交　主机 B 向主机 A 发送虚拟机接收成功的消息,主机 A 对该消息进行确认。

(6)激活　启动迁移后的新虚拟机,使用主机 B 上的设备驱动并且广播新的 IP 地址。

2. 后续拷贝动态迁移方法

后续拷贝是动态迁移的另外一种方法,其迁移过程如下:

(1)预迁移　如果主机 A 打算迁移在它上面的一个虚拟机,则先选择一个目的主机作为虚拟机的接收点。

(2)预定资源　在主机 A 向主机 B 发起迁移之前要先确认主机 B 是否有足够的可用资源,如果有,则向 B 主机的虚拟机监视器预定这些资源。如果没有,虚拟机则仍然留在主机 A 中运行,主机 A 则继续选择其他计算机作为目的计算机。

(3)重新启动　虚拟机在主机 B 上运行,发生缺页错误,按照后续拷贝采取的算法,进行页面请求,从主机 A 上传递缺失的页面到主机 B 上,本节后面将会具体介绍几种后续拷贝算法。

(4)完成　当主机 B 上的虚拟机映像和主机 A 上的虚拟机映像一致时,后续拷贝迁移过程完成,新的虚拟机将会在主机 B 上恢复运行。

下面介绍几种目前使用比较多的后续拷贝方法:

(1)按需取页方法　这种方法方便简单,但是时间上最慢。它是虚拟机在目标主机上重启运行后,根据请求的内存页缺失情况即时向原主机取页的。这种方法会延长虚拟机重启时间,降低虚拟机的效率。

（2）动态 flushing 方法　采用这种方法一部分内存页会以 flush 的方式从原主机传送到目标主机,传送完成后源机器上页面就会被 flush 掉,其他的内存页则通过按需取页的方式取得。

（3）预约页面调度方法　这种方法是利用了时间、空间局部性原理,先预测目标主机上的虚拟机可能会在哪些页面发生缺页错误,然后根据设定窗口的大小,从发生缺页的位置开始一次传输窗口内的页面到目标主机。

预拷贝迁移和后续拷贝迁移两者最大的区别在于对虚拟机内存迁移的处理上,前者在完成内存迁移后在目标主机上重启虚拟机,而后者是先重启虚拟机然后根据页面请求的缺失情况按需完成对内存的迁移。

4.4　基于虚拟机迁移策略的相关定义

定义 1　节点 i 的虚拟机个数 n_i:第 i 个节点上虚拟机的个数表示为 n_i。

定义 2　CUR_i:第 i 个节点的 CPU 利用率。n_i 的含义见定义 1,C_j 表示第 j 个虚拟机的 CPU 利用率。

$$CUR_i = \frac{\sum_{j=1}^{n_i} C_j}{n_i} \qquad (4.1)$$

定义 3　MUR_i:第 i 个节点的内存利用率。n_i 的含义见定义 1,M_j 表示第 j 个虚拟机使用的内存大小,MT_i 表示节点 i 的总内存大小。

$$\mathrm{MUR}_i = \frac{\sum\limits_{j=1}^{n_i} M_j}{\mathrm{MT}_i} \qquad (4.2)$$

定义 4 NBUR_i:第 i 个节点的带宽利用率。n_i 的含义见定义 1,NB_j 表示第 j 个虚拟机使用的带宽大小,NBT_i 表示节点 i 的总带宽大小。

$$\mathrm{NBUR}_i = \frac{\sum\limits_{j=1}^{n_i} \mathrm{NB}_j}{\mathrm{NBT}_i} \qquad (4.3)$$

定义 5 节点负载向量 V_i:第 i 个节点的负载向量表示为 V_i。

$$V_i = <\mathrm{CUR}_i, \mathrm{MUR}_i, \mathrm{NBUR}_i> \qquad (4.4)$$

定义 6 系统的 CPU 平均利用率 CA,m 为系统内节点的个数。

$$\mathrm{CA} = \frac{\sum\limits_{i=1}^{m} \mathrm{CUR}_i}{m} \qquad (4.5)$$

定义 7 系统的内存平均利用率 MA,m 为系统内节点的个数。

$$\mathrm{MA} = \frac{\sum\limits_{i=1}^{m} \mathrm{MUR}_i}{m} \qquad (4.6)$$

定义 8 系统的带宽平均利用率 NBA,m 为系统内节点的个数。

$$\mathrm{NBA} = \frac{\sum\limits_{i=1}^{m} \mathrm{NBUR}_i}{m} \qquad (4.7)$$

定义 9 高位阈值 H_{th}：节点负载超过此值为高负载节点，此值可以根据需要设定。例如如果设置 0.8，则负载超过 0.8，就认为是高负载节点。

定义 10 低位阈值 L_{th}：节点负载低于此值为低负载节点，此值可以根据需要设定。例如如果设置 0.3，则负载低于 0.3，就认为是低负载节点。

定义 11 自适应阈值 θ_{th}：辅助判定节点的负载情况。如果系统整体的平均负载比较高，比高位阈值高，显然超过高位阈值的节点非常多，此时把阈值调整为 $H_{th}+\theta_{th}$，从而适当减少超负载节点的个数。

定义 12 高负载集合 high：

$$high = \begin{bmatrix} CUR_1 & MUR_1 & NBUR_1 & RL_1 & NUM_1 \\ CUR_2 & MUR_2 & NBUR_2 & RL_2 & NUM_2 \\ \vdots & \vdots & \vdots & \vdots & \vdots \\ CUR_n & MUR_n & NBUR_n & RL_n & NUM_n \end{bmatrix}$$

其中每一行记录一个节点的各参数值，前三列表示高负载节点的 CPU、内存及带宽使用率，第四列 RL_i 为一数值，值为 0 表示 CPU 利用率高，值为 1 表示内存利用率高，值为 2 表示带宽利用率高，NUM_i 表示此节点的编号。

定义 13 节点负载 $Load_i$，第 i 个节点的负载值，其中 w_1、w_2、w_3 为权重系数。

$$Load_i = w_1 \times CUR_i + w_2 \times MUR_i + w_3 \times NBUR_i$$

$$(4.8)$$

定义 14 低负载集合 low_{cpu}、low_{mem}、low_{nb}：分别表示

CPU 利用率、内存利用率、带宽利用率低于低位阈值的节点的集合。

4.5　基于虚拟机迁移的资源调度负载均衡策略的详细描述

4.5.1　负载均衡策略的架构

在动态迁移算法中,必须确定以下三个问题[143]:何时迁移,即迁移的时间;迁移哪一个虚拟机,即迁移的源机的选择;将虚拟机迁移到何处,即迁移的目标机的选择。本文依据负载均衡的需要,提出了一个负载均衡模型框架,其架构图如图 4.3 所示。该模型框架包括采集模块、监测模块、预测模块、选择模块、迁移模块等,各个模块的功能如下所述。

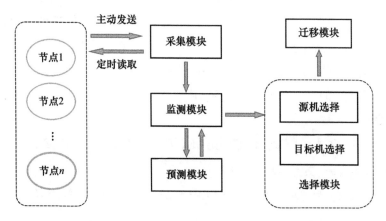

图 4.3　基于虚拟机迁移的资源调度负载均衡策略的架构图

- 采集模块：负载采集各个节点的负载值。
- 监测模块：根据各节点的负载数据判断是否要触发虚拟机迁移。
- 预测模块：辅助监测模块，对未来的负载值进行预测，避免因为瞬时峰值触发虚拟机迁移。
- 选择模块：包括源机选择与目标机选择两部分。源机选择模块负责选择待迁移的虚拟机及节点，目标机选择模块负责选择接受迁移虚拟机的节点。
- 迁移模块：负责完成虚拟机的迁移。

本章对于迁移模块不做过多的讨论，主要采用目前已有的虚拟机迁移技术完成迁移。

4.5.2　采集模块的功能

1. 负载信息的选取

节点往往包含多种关键资源，可描述节点负载情况的指标很多，如 CPU 使用情况、运行队列中的任务数、系统调用速率、CPU 上下文切换率、空闲 CPU 时间百分比、空闲存储器大小、内存资源使用情况、网络带宽资源以及 I/O 资源等。本文算法主要使用 CPU 利用率、内存利用率及带宽利用率来综合表示节点的负载 $V_i = <CUR_i, MUR_i, NBUR_i>$。

2. 采集时机的选取

中央节点每隔一定的时间收集所有节点的负载信息，

间隔时间如果过短,将造成中央节点过忙,同时数据传输也要占用相当的带宽;间隔时间如果过长,负载均衡时使用过时数据,有可能处理不需均衡的节点,而亟待均衡的节点反而没有及时处理。目前大多数论文采用的时间间隔为 10~20 秒。

为了更及时地处理重负载节点,本文采用中央节点定时读取与各节点主动发送相结合的方式。中央节点每隔15 秒读取一次各节点的负载,期间如果有节点的负载变化超过 10%,则主动报告给中央节点,以便能够使用更准确的负载值进行均衡。

4.5.3 监测模块的功能

采集模块把收集的负载数据传送给监测模块,监测模块分析这些数据,确定需要进行负载均衡的节点。如果要高效地进行虚拟机迁移,必须要选择一个合理的触发条件,即设定一个合理的阈值,当负载值超过阈值触发迁移。阈值设置过高,则会导致物理节点的负载已经很重,但负载值仍未达到阈值,不能进行虚拟机迁移;阈值设置过低,则会导致虚拟机迁移很容易被触发,将增加系统资源的浪费。

本文中,当节点的负载值大于 H_{th},则认为该节点为高负载节点;当节点的负载值小于 L_{th},则认为该节点为低负载节点。如果高负载的节点过多,即待均衡的节点过多,势必会造成选择源机时的处理量增大。因此本文首先比较系统平均负载与高位阈值 H_{th},如果平均负载大于 H_{th},

则取节点负载大于平均负载与自适应阈值之和的为高负载节点；如果系统平均负载小于高位阈值 H_{th}，则取节点负载大于高位阈值的为高负载节点。

以判断内存利用率为例，判断高负载节点的原则如下所示。高 CPU 利用率及高带宽利用率节点的判定方法与高内存利用率节点的判定方法一致。

（1）分别获取各个节点的内存利用率 MUR_i、系统平均内存利用率 MA。

（2）如果 MA 大于 H_{th}，转（3），否则转（4）。

（3）依次比较 MUR_i 与 $H_{th}+\theta_{th}$，如果 MUR_i 大于 $H_{th}+\theta_{th}$，则节点 i 为高内存负载节点，i 取 1 到 m，m 为系统中节点个数。

（4）依次比较 MUR_i 与 H_{th}，如果 MUR_i 大于 H_{th}，则节点 i 为高内存负载节点，i 取 1 到 m，m 为系统中节点个数。

所有被判定为高负载节点的参数值构成矩阵 high，矩阵的行数即为高负载节点的个数。如果节点为高 CPU 利用率节点，则 RL_i 的值为 0 表示；如果节点为高内存利用率节点，则 RL_i 的值为 1；如果节点为高带宽利用率节点，则 RL_i 的值为 2；如果节点的 CPU 利用率、内存利用率、带宽利用率中有两个或三个都比阈值高，则选出其中最高值作为 RL_i 的判定标准。求解高负载节点矩阵的算法如图 4.4 所示。

低负载节点集合由三个集合构成：

• 如果 CUR_i 小于 L_{th}，则 i 为低 CPU 负载节点，加入低 CPU 负载集合 low_{cpu}；如果 low_{cpu} 为空，调整 L_{th} 值。

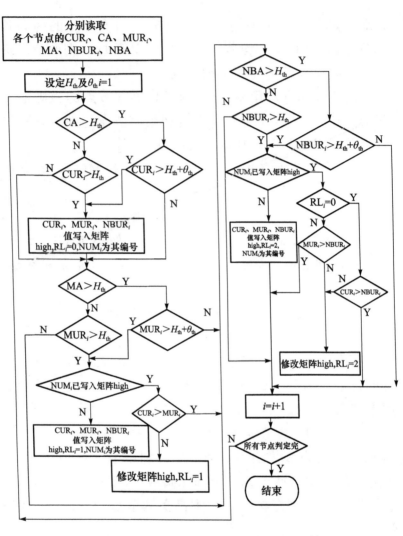

图 4.4 high 矩阵求解流程图

• 如果 MUR_i 小于 L_{th}，则 i 为低内存负载节点，加入低内存负载集合 low_{mem}；如果 low_{mem} 为空，调整 L_{th} 值。

• 如果 $NBUR_i$ 小于 L_{th},则 i 为低带宽负载节点,加入低带宽负载集合 low_{nb};如果 low_{nb} 为空,调整 L_{th} 值。

4.5.4 预测模块的功能

1. 使用预测的目的

传统的负载均衡算法当负载值超过设定的阈值即开始虚拟机迁移。假设节点存在瞬时的负载峰值,之后负载恢复正常。如果使用传统算法,这个峰值必然触发负载均衡,显然这种情况不需要进行负载均衡。瞬时峰值触发的虚拟机迁移将引起系统不必要的开销,因此必须解决负载均衡过程中的瞬时峰值问题。本文使用预测模块,预测峰值的下一时刻,节点是否处在高负载的状态,从而再决定是否要进行负载均衡。研究人员经过研究得出结论:主机负载的变化具有自相似性、长期依赖性[141],对于这样特性的负载能够使用预测机制进行预测。本文采用一次指数平滑算法,预测未来的值,确定哪些是瞬时峰值,避免不必要的虚拟机迁移。

2. 一次指数平滑法

一次指数平滑法利用之前的实际数据值和预测结果值来预测未来的结果。预测公式为:

$$y'_{t+1} = \alpha \times y_t + (1-\alpha) \times y'_t$$

其中,y'_{t+1} 是第 $t+1$ 期的预测值,y_t 是第 t 期的实际值,y'_t 是第 t 期的预测值,α 是平滑系数,$\alpha \in [0,1]$。

平滑系数 α 的选择对预测值影响很大，α 值越大，最近的数据影响越大；α 值越小，历史数据影响越大。一般来说，如果数据波动较大，α 值应取大一些，第 t 期的实际值的系数大，加大近期数据对预测结果的影响；如果数据波动小，α 的值应取小一些，减少近期数据对预测结果的影响。

一般地，当数据波动小时，选择较小的 α 值，比如 $0.05 \sim 0.20$；当数据有波动，但长期波动不大时，选择稍大的 α 值，如 $0.1 \sim 0.4$；当数据波动大且长期看幅度也大，选择较大的 α 值，如 $0.6 \sim 0.8$；当数据是明显地上升（或下降）的发展趋势类型，α 选择较大的值，如 $0.6 \sim 1$。

3. 一次指数平滑法预测负载值

采集模块对历史数据进行采集保存到数据库中。当监测模块判定某个节点的负载值超过阈值需要进行负载均衡，则把这个节点的前 $d-1$ 个采集数据传送给预测模块，与当前节点的数据组成大小为 d 的数据集，取第一次的实际值为初值。使用这 d 个数据预测未来 p 个负载值，如果 p 个负载值中有 s 个值超过阈值，则认为应该触发负载均衡。在本算法中，如果 p 个负载值中有 s 个值超过阈值，则更新 high 矩阵，待矩阵更新完毕再执行负载均衡。

α 平滑系数根据 d 个历史数据的偏差平方的均值（MSE）确定，取得到最小 MSE 的值为最终 α 平滑系数标准。所谓 MSE 即各期实际值与预测值差的平方和除以总期数。预测机制的流程如图 4.5 所示，分别令 $\alpha=0.3$、$\alpha=$

0.5、$\alpha=0.7$,计算 MSE,比较这 3 个 MSE 值,取得最小 MSE 的 α 值为最终确定的 α 平滑系数。d、p、s 的值由用户设定。

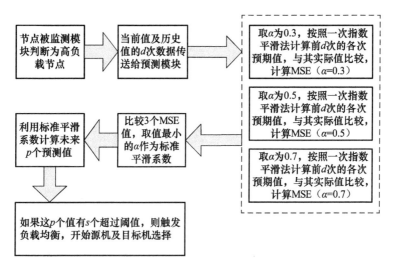

图 4.5 预测机制流程图

4.5.5 源机选择模块的功能

1. 负载的综合衡量

本文选取了 CPU 利用率 CUR_i、内存利用率 MUR_i、带宽利用率 $NBUR_i$ 来衡量节点负载大小,大部分论文在综合各分量时均采用权值的方法,节点的总负载表示为 $w_1 \times CUR_i + w_2 \times MUR_i + w_3 \times NBUR_i$,其中 $w_1 + w_2 + w_3 = 1$。但这样表示负载值会有一定的问题,给哪个分量赋予的权值大,意味着这个因素更影响负载的总值。比如有两个节点 CPU 利用率、内存利用率、带宽利用率分别为 $<0.9,0.3,0.2>$ 和 $<0.5,0.5,0.2>$，明显第一个节点的 CPU 负载已经很大，第二个节点的负载值比较平均，这两个节点比较应该先对第一个节点进行负载均衡。如果此时 3 个权值取值为 $w_1=0.2$、$w_2=0.5$，$w_3=0.3$，按公式计算，第一个节点的负载为 0.39，第二个节点的负载为 0.6，单纯比较负载值会选择第二个节点进行负载均衡。这就印证了权重值的不同将影响均衡算法。本文采用信息熵算法，权重值的选择根据负载值客观地确定，避免了人为决定权值造成的不确定性。

2. 信息熵

信息熵方法能够客观地确定权重，权重的确定依据指标的变异性。指标值的变异程度越大，说明这个指标起到的作用越大，则这个指标的信息熵越小，其权重越大；反之，指标值的变异程度越小，说明这个指标的作用越小，则这个指标信息熵越大，其权重越小。权重大小与信息熵大小成反比关系，与指标的变异程度成正比关系。

信息熵的计算方法为：

• 假定有 n 个属性 X_1、X_2、$\cdots$、X_n，以及它们的属性值构成的决策矩阵 $\boldsymbol{D}$，每列是每个属性的 m 个值。

$$\boldsymbol{D} = \begin{bmatrix} d_{11} & d_{12} & \cdots & d_{1n} \\ d_{21} & d_{22} & \cdots & d_{2n} \\ \vdots & \vdots & & \vdots \\ d_{m1} & d_{m2} & \cdots & d_{mn} \end{bmatrix}$$

- 对决策矩阵 D 进行标准化处理得到决策矩阵 R。

$$R = \begin{bmatrix} r_{11} & r_{12} & \cdots & r_{1n} \\ r_{21} & r_{22} & \cdots & r_{2n} \\ \vdots & \vdots & & \vdots \\ r_{m1} & r_{m2} & \cdots & r_{mn} \end{bmatrix}$$

矩阵 R 满足归一性：$\sum\limits_{i=1}^{m} r_{ij} = 1$，$j = 1,2,3,\cdots,n$，即每列的元素之和为 1。

- 假设属性 X_1、X_2、$\cdots$、X_n 的权重为 $w = (w_1, w_2, \cdots, w_n)^{\mathrm{T}}$，$w_j \geqslant 0$，$j = 1,2,3,\cdots,n$，$\sum\limits_{j=1}^{n} w_j = 1$。将归一化后的决策矩阵 R 的列向量 $(A_1, A_2, \cdots, A_n)$，即 $(X_1, X_2, \cdots, X_n)$ 的属性值 $(r_{1j}, \cdots, r_{mj})$，$j = 1,2,3,\cdots,n$ 视为信息量的分布。

- A_j 对属性 X_j 的熵 E_j 定义为：$E_j = -\dfrac{1}{\ln m} \sum\limits_{i=1}^{m} r_{ij} \ln r_{ij}$，$j = 1,2,3,\cdots,n$，易知 $0 \leqslant E_j \leqslant 1$。

- 若 $(r_{1j}, \cdots, r_{mj}) = (1/m, \cdots, 1/m)$，则 $E_j = 1$；若 $(r_{1j}, \cdots, r_{mj}) = (0, \cdots 0, 1, 0, \cdots)$，则 $E_j = 0$；总之 r_{ij} 越一致，则 E_j 越接近 1，这样就越不易区分方案的优劣。

- 定义 X_j 对于方案的区分度：$F_j = 1 - E_j$，属性的权重计算公式为：$w_j = \dfrac{F_j}{\sum\limits_{k=1}^{n} F_k}$，$j = 1,2,3,\cdots,n$。

当某属性的值一致性越高，信息熵确定的权重值会越小，即此属性对总值的影响程度越低；反之，某个属性值差别越大,信息熵确定的权重值越大,此属性对总值的影响度越高。例如设有三个属性 X_1、X_2、X_3,属性 X_1 的值为 0.5、0.3、0.15、0.05,属性 X_2 的值为 0.3、0.3、0.2、0.3,属性 X_3 的值为 0.25、0.25、0.25、0.25。利用上面叙述的信息熵的算法确定 X_1、X_2、X_3 的权值为 0.924、0.076、0,根据信息熵计算的权值得出的公式为 $0.924 \times X_1 + 0.076 \times X_2 + 0 \times X_3$。从此式子可以看到 X_3 的系数为 0,即 X_3 的值不影响总值,这是因为 X_3 的所有分量全部相同。X_1 的系数最大,即它的值对总值影响最大,这是因为 X_1 的几个值差别最大。由此可以得出结论,按照信息熵确定的权值,计算出的结果与实际认知完全一致。

3. 源机选择

（1）监测模块得到了高负载矩阵 high,取出前三列构成矩阵 $\boldsymbol{D}$,$\boldsymbol{D} = \begin{bmatrix} \mathrm{CUR}_1 & \mathrm{MUR}_1 & \mathrm{NBUR}_1 \\ \mathrm{CUR}_2 & \mathrm{MUR}_2 & \mathrm{NBUR}_2 \\ \vdots & \vdots & \vdots \\ \mathrm{CUR}_n & \mathrm{MUR}_n & \mathrm{NBUR}_n \end{bmatrix}$,第一列的值是 CPU 利用率,第二列的值是内存利用率,第三列的值是带宽利用率。

（2）对矩阵进行归一化处理得到矩阵 $\boldsymbol{R}$,$\boldsymbol{R} = \begin{bmatrix} r_{11} & r_{12} & r_{13} \\ r_{21} & r_{22} & r_{23} \\ \vdots & \vdots & \vdots \\ r_{n1} & r_{n2} & r_{n3} \end{bmatrix}$,其中 $r_{i1} = \dfrac{\mathrm{CUR}_i}{\sum\limits_{i=1}^{n} \mathrm{CUR}_i}$,$r_{i2} = \dfrac{\mathrm{MUR}_i}{\sum\limits_{i=1}^{n} \mathrm{MUR}_i}$,

$$r_{i3} = \frac{\mathrm{NBUR}_i}{\displaystyle\sum_{i=1}^{n} \mathrm{NBUR}_i} 。$$

（3）计算熵 $E_j = -\dfrac{1}{\ln n} \displaystyle\sum_{i=1}^{n} r_{ij} \ln r_{ij}$ ，$j = 1, 2, 3$；计算 $F_j = 1 - E_j$。

（4）计算权值 $w_1 = \dfrac{F_1}{F_1 + F_2 + F_3}$，$w_2 = \dfrac{F_2}{F_1 + F_2 + F_3}$，

$w_3 = \dfrac{F_3}{F_1 + F_2 + F_3}$。

（5）各个节点的负载值为：$\mathrm{Load}_i = w_1 \times \mathrm{CUR}_i + w_2 \times \mathrm{MUR}_i + w_3 \times \mathrm{NBUR}_i$。

（6）按照 Load_i 值由大到小构成源机选择队列 $Q = \{q_1, q_2, \cdots, q_n\}$，每个元素由 high 矩阵的后两列中的节点编号、标志位两个分量组成，即 $q_j = (\mathrm{RL}_k, \mathrm{NUM}_k)$。

（7）从 Q 队列中选取第一个作为源机，假设编号为 m。虚拟机迁移时内存迁移是最困难的，因此在此节点上选取 $\mathrm{CUR}_m / \mathrm{MUR}_m$ 最大的虚拟机作为迁移虚拟机。

4.5.6　目标机选择模块的功能

1. 低负载队列

目标机选择时定义 3 个队列 CpuQ，MemoryQ，BandwidthQ 分别表示 CPU 低负载队列、内存低负载队列和带宽低负载队列。队列 CpuQ 中包含 CPU 负载低于 L_{th} 值且内存、带宽负载低于平均值的节点。队列 MemoryQ 中

包含内存负载低于 L_{th} 值且 CPU、带宽负载低于平均值的节点。队列 BandwidthQ 中包含那些带宽负载低于 L_{th} 值且 CPU、内存负载低于平均值的节点。如果这 3 个队列之一为空,则适当调整 L_{th} 值,使其调整到更小的值,确保 3 个队列均不为空。

2. 基于信息熵的目标机选择算法

按照 4.5.5 节关于信息熵算法的描述,这种方法更客观地确定了每个分量的权值,因此在进行目标机选择的时候,仍然用信息熵确定权值。

除了 CUR、MUR 及 NBUR 的值,本节将把源机到目标机的迁移距离也作为一个衡量因素。迁移的距离越长,则迁移成本越大。本文使用从源节点到目标节点 i 的跳数作为迁移距离,表示为 MD_i。下面描述的算法是关于 CPU 高负载目标机的选择算法,对于内存和带宽高负载目标机的选择算法与 CPU 的选择算法类似。

(1)矩阵 $\boldsymbol{D}$ 由 CpuQ 队列中所有节点的 CUR_i、MUR_i、$NBUR_i$ 和 MD_i 组成,

$$\boldsymbol{D}=\begin{bmatrix} CUR_1 & MUR_1 & NBUR_1 & MD_1 \\ CUR_2 & MUR_2 & NBUR_2 & MD_2 \\ \vdots & \vdots & \vdots & \vdots \\ CUR_n & MUR_n & NBUR_n & MD_n \end{bmatrix}$$

矩阵 $\boldsymbol{D}$ 的行数与队列 CpuQ 的节点数相同。

(2)标准化矩阵 $\boldsymbol{D}$ 为矩阵 $\boldsymbol{R}$,

$$\boldsymbol{R}=\begin{bmatrix} r_{11} & r_{12} & r_{13} & r_{14} \\ r_{21} & r_{22} & r_{23} & r_{24} \\ \vdots & \vdots & \vdots & \vdots \\ r_{n1} & r_{n2} & r_{n3} & r_{n4} \end{bmatrix}, \quad r_{i1}=$$

$$\frac{\text{CUR}_i}{\sum\limits_{i=1}^{n}\text{CUR}_i}, r_{i2}=\frac{\text{MUR}_i}{\sum\limits_{i=1}^{n}\text{MUR}_i}, r_{i3}=\frac{\text{NBUR}_i}{\sum\limits_{i=1}^{n}\text{NBUR}_i}, r_{i4}=\frac{\text{MD}_i}{\sum\limits_{i=1}^{n}\text{MD}_i}。$$

（3）计算熵 $E_j=-\dfrac{1}{\ln n}\sum\limits_{i=1}^{n}r_{ij}\ln r_{ij}$, $j=1,2,3,4$。

（4）计算 F_j 值为 $F_j=1-E_j$。

（5）计算每个因素的权值为：$w_1=\dfrac{F_1}{F_1+F_2+F_3+F_4}$,

$w_2=\dfrac{F_2}{F_1+F_2+F_3+F_4}$, $w_3=\dfrac{F_3}{F_1+F_2+F_3+F_4}$, $w_4=$

$\dfrac{F_4}{F_1+F_2+F_3+F_4}$。

（6）每个节点的总负载值为 Load_i, $\text{Load}_i=w_1\times\text{CUR}_i+w_2\times\text{MUR}_i+w_3\times\text{NBUR}_i+w_4\times\text{MD}_i$。

（7）按照计算出的 Load_i 值,升序重新排列队列 CpuQ,从中选择第一个节点为迁移目标机。

源机选择模块中选中了迁移的虚拟机,其（RL_k, NUM_k）参数中的 RL_k 标识了此节点负载较重的分量,根据 RL_k 的值选择目标机。若 RL_k 为 0,在 CpuQ 中选择目标机;若 RL_k 为 1,在 MemoryQ 中选择目标机;若 RL_k 为 2,在 BandwidthQ 中选择目标机。

4.6 实验分析

4.6.1 实验环境配置

本文选取 CloudSim[142]为模拟工具,CloudSim 是由墨尔本大学 Ruyya 等开发的。实验选取 50 台异构物理主机,每台主机上分别配置 3~5 个不同个数的虚拟机,每台主机的配置如表 4.1 所示。

表 4.1 实验环境配置表

参数名称	数值
节点个数	50
节点的 CPU 处理能力(MIPS)	{1 000,1 800,2 600,3 000}
节点的内存大小(G)	{1,2,4,8}
节点的带宽大小(Mb/S)	{500,700,1 000}
虚拟机个数	200
虚拟机的内存大小(G)	{0.5,1,2,3}
虚拟机的 CPU 处理能力(MIPS)	{200,500,1 000,1 500,2 500}
虚拟机的带宽大小(Mb/S)	{100,200,500}

4.6.2 预测模块的实验分析

为了验证预测模块确实能够避免瞬时峰值对虚拟机迁移的影响,设计实验对 CPU 利用率进行了监测及预测,内存利用率及网络带宽利用率的触发情况与 CPU 利用率的触发时机实验相似。实验中修改 DatacenterBroker 模块,每隔 5 秒随机添加任务到虚拟机。算法中各参数的设定值见表 4.2。根据前 d 个数据值,最终选定 α 值为 0.7。

表 4.2 算法参数值

参数名称	值
H_{th}	70%
θ_{th}	10%

4.2续表

参数名称	值
预测周期 p	5
判定次数 s	4
数据集大小 d	50

实验结果如图 4.6 所示,其中纵坐标表示 CPU 利用率,横坐标表示监测的数据点个数,带圆形的虚线表示 CPU 利用率的实际值,带星形的实线表示预测值,高位阈值取值 0.7,自适应阈值取值 0.1。分析实验结果:

• 当 $t=4$ 及 $t=35$ 时,实际值已超过阈值,但只是一次超过,后面的趋势呈下降趋势,而预测值没有超过阈值;

• 在 $t=16$ 至 $t=20$ 时刻,实际值超过阈值,$t=17$ 至 $t=21$ 时刻,预测值超过阈值,5 个值中有 4 次超过阈值,启动负载均衡,因此在 $t=21$ 时刻,经过负载均衡后负载降低,此时负载的实际值低于阈值;

• $t=27$、$t=28$ 时刻有短暂的超过阈值,$t=29$ 时刻的预测值超过阈值,但因为只有一次预测值超过阈值,不启动负载平衡;

• $t=40$ 至 $t=45$ 时刻,负载的实际值再次超过阈值,$t=42$ 至 $t=46$ 时刻,预测值超过阈值,启动负载平衡,在 $t=46$ 时刻,经过负载均衡后负载恢复到阈值以下。

如果不采用预测算法,每次负载值超过阈值即启动负载平衡,则在 $t=4$、$t=27$、$t=28$、$t=35$ 时刻启动不必要的负载均衡。因此使用预测机制,有效地避免了瞬时峰值启动负载平衡。内存利用率和带宽利用率的实验如图 4.7 和图 4.8 所示。从实验结果仍然可以分析出,对于内存利用率和带宽利用率来说,使用了预测机制也有效地避免瞬时峰值启动负载均衡的情况发生。

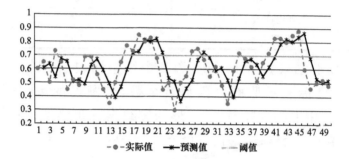

图 4.6　CPU 利用率的实际值与预测值比较图

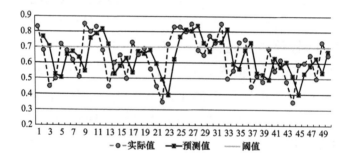

图 4.7　内存利用率的实际值与预测值比较图

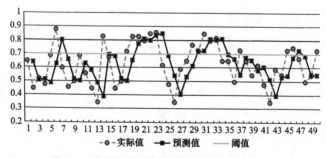

图 4.8　带宽利用率的实际值与预测值比较图

图 4.9 中 CPU-NF、CPU-F、NB-NF、NB-F、Memory-NF、Memory-F 分别表示没有使用预测机制 CPU 利用率算法的触发次数、使用预测机制的 CPU 利用率算法的触发次数、没有使用预测机制带宽利用率算法的触发次数、使用预测机制的带宽利用率算法的触发次数、没有使用预测机制内存利用率算法的触发次数、使用预测机制的内存利用率算法的触发次数。一共进行了 6 组实验,前两组的负载较小、中间两组负载居中,最后两组负载比较大。从实验结果可以看出,在 6 组实验中,加入预测机制的算法触发负载均衡的次数均不同程度地低于没有预测机制的算法。

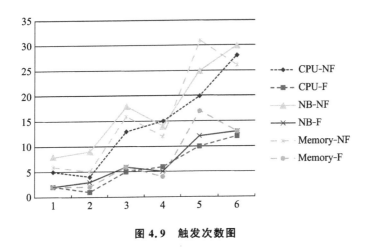

图 4.9 触发次数图

4.6.3 源机选择模块的实验分析

实验环境同 4.6.1 节描述。源机选择模块均衡前后的 CPU 利用率、内存利用率、带宽利用率的比较如图 4.10

至图 4.15 所示。纵坐标表示利用率的值,横坐标表示节点的编号,实验选取了其中 50 个节点进行绘图比较。图 4.10、图 4.11 是 CPU 利用率均衡前后的比较,从这两个图中可以观察到,在均衡之前,CPU 利用率在各个节点间是不均衡的,使用均衡策略后,各节点的 CPU 利用率明显更均衡。内存利用率的比较如图 4.12 图 4.13 所示,带宽利用率的比较如图 4.14、图 4.15 所示。从这 4 个图可以得出结论,使用了均衡策略后,利用率更加趋于均衡。

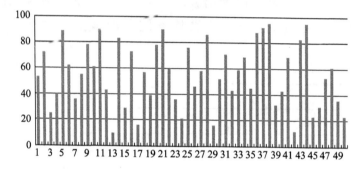

图 4.10　均衡前 CPU 利用率情形

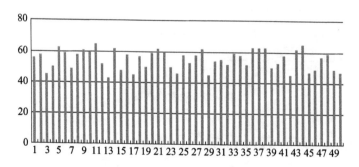

图 4.11　均衡后 CPU 利用率情形

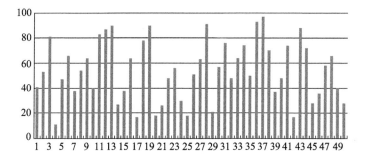

图 4.12 均衡前内存利用率情形

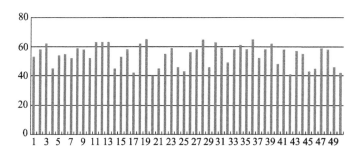

图 4.13 均衡后内存利用率情形

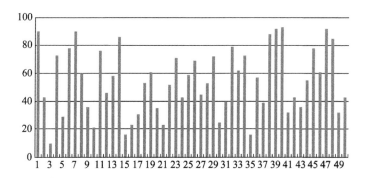

图 4.14 均衡前带宽利用率情形

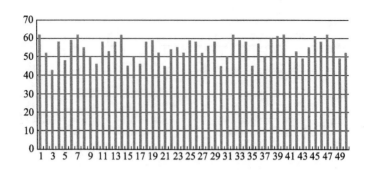

图 4.15　均衡后带宽利用率情形

使用本文算法与确定权值的算法(以下简称算法 A)进行比较,算法 A 中负载计算公式为:

$$Load_i = w_1 \times CUR_i + w_2 \times MUR_i + w_3 \times NBUR_i$$

其中 w_1、w_2、w_3 的值分别取值 0.7、0.15、0.15,即 CPU 利用率所占的权重系数最大。

图 4.16、图 4.17、图 4.18 分别为两种算法的 CPU 利用率、内存利用率、带宽利用率的比较图,其中横坐标表示物理机的编号,纵坐标表示利用率的偏差,即实际值与平均值的差值。使用偏差可以反映出系统的均衡性,各个节点的偏差值越小,说明系统的负载更均衡,偏差值越大,说明更不均衡。

分析图 4.16,从 CPU 利用率来看,本文算法不如 A 算法,A 算法的 CPU 利用率的偏差基本都在 15％以下,整体上也比本文算法稍好。但从图 4.17 及图 4.18 的带宽利用率及内存利用率来看,明显 A 算法的偏差值很大,本文算法的偏差值更小,即系统均衡性更好。因为 A 算法在选取权重值时,赋给 CPU 利用率的权重系数很高,因此使得 A 算法的 CPU 利用率的实验结果稍好于本算法。

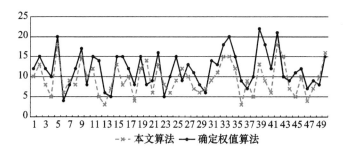

图 4.16 确定权值算法与本文算法 CPU 利用率偏差比较图

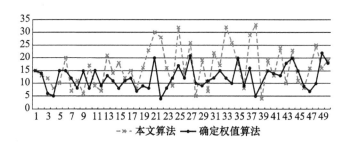

图 4.17 确定权值算法与本文算法内存利用率偏差比较图

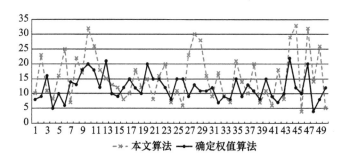

图 4.18 确定权值算法与本文算法带宽利用率偏差比较图

虽然本文算法在 CPU 利用率实验时不如 A 算法,但本文算法也使得系统中各节点的 CPU 利用率比较均衡,并且本文算法在内存利用率、带宽利用率两个因素上也同样能够使得系统较均衡。

4.6.4　目标机选择模块的实验分析

目标机选择的实验环境与 4.6.1 的描述相同。实验同 4.6.3,仍然从两个方面进行比较:

• 均衡前后的 CPU 利用率、内存利用率、带宽利用率比较;

• 固定权值与信息熵确定权值,对 CPU 利用率、内存利用率、带宽利用率偏差比较。

图 4.19 至图 4.24 是应用均衡策略前后 CPU 利用率、内存利用率、带宽利用率的比较图,其中横坐标代表物理节点的个数,共选取了 50 个节点的数据进行比较说明,纵坐标分别表示 CPU 利用率、内存利用率及带宽利用率。从实验结果可以看出,经过了若干轮的负载均衡策略,CPU 利用率、内存利用率、带宽利用率均比均衡前更加均衡。

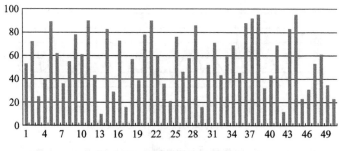

图 4.19　均衡前 CPU 利用率

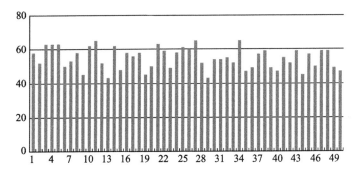

图 4.20 均衡后 CPU 利用率

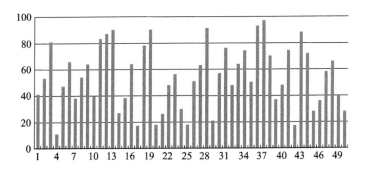

图 4.21 均衡前内存利用率

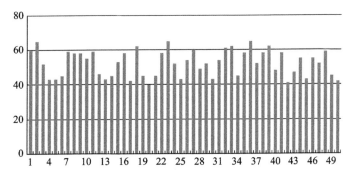

图 4.22 均衡后内存利用率

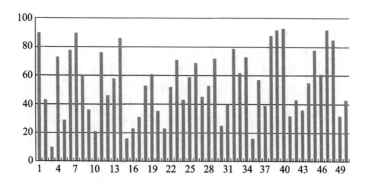

图 4.23　均衡前带宽利用率

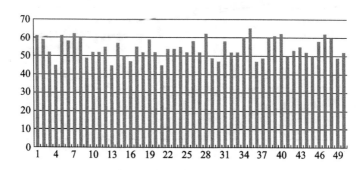

图 4.24　均衡后带宽利用率

　　对于目标机选择算法的实验,比较本文算法以及固定权值的方式(以下简称算法 F)。在算法 F 中,负载定义为:

$$Load_i = w_1 \times CUR_i + w_2 \times MUR_i$$
$$+ w_3 \times NBUR_i + w_4 \times MD_i$$

其中 w_1、w_2、w_3、w_4 分别设定为 0.6、0.15、0.15、0.1,即 CPU 利用率对整个负载值影响最大。图 4.25、图 4.26、图 4.27 分别表示两种算法的 CPU 利用率、内存利用率、带宽利用率的偏差,其中横坐标代表物理节点的编号,纵坐标代表实际值与平均值的偏差,偏差越小说明越均衡。

从这三个图分析出,CPU 利用率方面,算法 F 的均衡性比本文算法的稍好一些,那是因为算法 F 的负载计算公式中 CPU 利用率这个因素的权值最大;但内存利用率、带宽利用率方面,算法 F 的均衡性比本文算法差很多;因此可以得出结论,从总体上衡量,本文算法的均衡性强于 F 算法。

通过实验发现,算法 F 的平均迁移距离是 3.15,本文算法的平均迁移距离是 1.63,这个结果说明本文算法选取的目标机使得迁移距离更近,更加降低迁移成本。

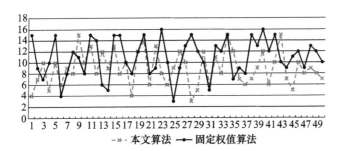

图 4.25　固定权值算法与本文算法 CPU 利用率偏差比较图

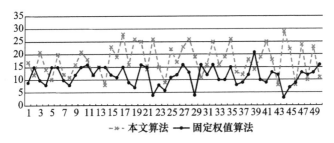

图 4.26　固定权值算法与本文算法内存利用率偏差比较图

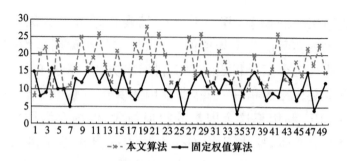

图 4.27　固定权值算法与本文算法带宽利用率偏差比较图

4.7　本章小结

　　云计算是目前的研究热点技术,各大公司、高校、研究机构都在对云计算进行研究。云计算的特性决定了它其中的各节点都是异构的,同时由于用户应用的多样性、复杂性及实时性,因此必须合理管理系统中的各种资源,提升系统的性能及吞吐量,为了达到这些目的,要求云计算系统必须负载均衡。目前,负载均衡问题是云计算领域研究的关键问题之一。

　　本章在对云计算的负载均衡算法进行了深入研究后,提出了一种基于虚拟机迁移的资源调度负载均衡策略。该策略主要解决了以下问题:

　　定义了基于虚拟机迁移的资源调度负载均衡策略框架,主要包括采集模块、监测模块、预测模块、选择模块、迁移模块等,迁移模块不是本文研究的目标,文中对其余模块功能进行了比较详细的论述。

　　传统的大多数触发策略的阈值都是固定的,当负载值超过阈值即启动迁移。如果存在瞬时的峰值就会启动不必要的迁移,造成系统资源的浪费。本文设计了基于高位阈值及自适应阈值结合的负载判定矩阵,并且引入一次指数平滑法作为预测算法,预测未来的值,如果未来预测值有若干超过阈值才会启动迁移,从而避免了负载瞬时峰值的问题。

针对迁移源机及目标机的选择问题,提出了基于信息熵的选择策略。该策略以 CPU 利用率、内存利用率、带宽利用率、迁移距离等多个因素作为衡量指标,综合计算负载值。传统的多值问题在选择参数权值时大多是采用固定法,即为每个分量设定一个数值,这样势必主观性太强,不能反映真实情况,而且由于权值的不同,对负载值的影响比较大,有可能造成负载超重节点的总负载反而比较小。本文提出的信息熵确定权值的方法是根据目前各节点的实时状况客观地计算权值,这个权值更能反映当前的状态,并且选出的源机基本上是负载相对较大的节点,选出的目标机是整体负载较小的节点。使得系统的资源配置更加客观、更加合理。

最后通过多组实验对本文的算法进行了验证。比较具有预测机制与没有预测机制的算法,实验发现加入预测机制后,确实减少了不必要的负载均衡;本文算法经过多轮负载均衡,使得系统各物理机的负载更加均衡;比较确定权重值与信息熵确定权重值的实验,本文策略均衡的结果虽然在某些条件下略逊于确定权重值的算法,但本文算法更全面,能够整体考虑各个负载因素,使系统整体更均衡。

第 5 章
数据存储负载均衡策略——
基于动态副本技术

  云存储系统在存储数据时通常采用分布式方式,数据存储在廉价的 PC 机上,在系统运行过程中不可避免地会发生无法预知的状况,如设备损坏、电源中断、黑客入侵等,这些情况的发生均可能造成数据的丢失。为了避免数据丢失,提高系统的可靠性,在云存储系统中通常采用副本技术。副本技术即将一个数据块复制多个副本存放于多个节点上,利用数据冗余保证数据的可靠性。利用副本技术能够很好地解决系统的负载均衡问题,多个副本分布于不同的服务器节点,通过访问副本,把单个服务器节点的负载分散到多个节点上,由此来降低节点的负载,实现负载均衡。

  本文采用动态副本技术实现负载均衡,研究的内容包括副本创建的时机、副本创建的个数、副本创建的位置、副本删除的时机、删除副本的选择等问题。该策略的创新在于改变了采用固定副本个数的策略,副本的个数及存储位置根据文件热度、文件访问距离、机架的剩余存储空间、带宽、副本一致性维护成本等因素动态确定,不仅实现了副本存储个数及位置的负载均衡,也降低了用户访问副本的代价。

5.1　引言

副本技术就是复制数据块成多份,然后在不同的服务器节点上存储这些复制数据块,冗余的副本能够提高系统的可靠性、实现系统的负载均衡、提高系统的访问速率。

云存储系统中的数据存储在服务器上,这些服务器一般都是廉价的 PC 机,可靠性比较差,服务器在运行过程中不可避免地会出现失效的情形,比如停电、服务器损坏、病毒入侵等,此时将造成数据丢失或损坏,如果仅仅依靠提高服务器的性能显然无法根本解决这些问题。要根本解决服务器失效引起数据丢失损坏的问题必须通过数据冗余的方案,即为数据存储副本,如果节点失效引起数据丢失,数据的副本能恢复原始数据,保证了系统的可靠性。

副本技术是提高系统负载均衡的重要手段之一[111]。如果一个数据块没有副本,所有对该数据块的访问将在存储该数据块的节点上进行,随着访问量的增加,该节点的负载会越来越大。如果数据块存在多个副本,同样的访问量将能分散到不同的节点上,从而分散了节点的负载,实现了系统的负载均衡。由于数据块存在多个副本,需要访问时可以选择就近的副本进行访问,提高了系统的访问速率,减少了通信开销。

副本管理策略包括动态副本管理策略及静态副本管理策略。动态副本策略根据系统运行的存储空间、节点的性能、用户的需求、带宽等实际情况动态地创建副本或者删除副本[112-115]。对于副本的操作包括副本调整、副本创建、副本删除、副本一致性等问题。相反地,静态副本管理策略中的副本数量及副本位置只是在初始时创建,之后一直保持不变。显然静态管理策略实现简单,适用于资源环境稳定的情况,对于负载变化的环境适用性不好。

使用动态副本管理策略能够解决系统的负载均衡问题,在动态管理过程中,一般涉及以下问题。

5.1.1　副本数量

对于整个系统,副本数量增多,数据的可用性、可靠性都会提高,但副本数量增多会占用更多的存储空间,增加存储成本,因此合理地确定副本数量是副本动态管理策略要解决的问题之一。当文件访问过多,应该增加副本数量;反之,当此文件访问过少,应该减少副本数量。目前大多数云计算系统默认采用的副本数量为 3。

5.1.2　副本创建

副本创建主要解决副本创建的时机及副本放置的位置的问题。对于文件来说,什么时候需要增加副本是需要确定的一个问题,如果过早地创建副本,导致存储空间浪费,创建的副本没有用处;如果延迟了创建副本的时机,将会造成该文件成为热点文件,加重服务器的负载负担。副本放置的位置也是需要确定的一个问题。如果把副本放置在离访问它的热点区域较远的位置,势必增加网络的负担及通信的开销;副本之间距离相距越远,进行一致性维护的代价越大。文献[116]对于副本位置的确定除了考虑访问此文件的节点所在的区域,还考虑放置的服务器的存储性能、维护费用等因素。

5.1.3　副本删除

为了提升系统空间的使用率,必须要进行副本删除。一般情况下,副本数量过多或者长时间没有被访问的副本可以进行删除。

5.1.4　副本一致性

系统中的多个副本必须要保证一致性,这样才能保证文件的正确性。因此在进行副本创建时必须要考虑副本一致性维护的代价。

本文将从以上几个问题出发,提出一个基于动态副本技术的负载均衡策略,通过动态调整副本数量、创建副本、删除副本实现系统的负载均衡。

5.2　研究现状

在众多的研究领域,例如万维网[117]、P2P 网络[118]、Ad Hoc、传感器网络[119,120]及网格[121]等,对于副本技术均进行了比较深入的研究。目前,伴随着云计算的发展,副本也是云计算领域的研究重点之一。国内外众多学者针对不同的侧重点,对于云计算中副本技术进行了相应的研究。

文献[122]提出了一种副本放置策略,该策略是基于平衡树的。由被访问热度高的节点创建一棵虚拟平衡树,创建的时候利用相邻节点的信息,副本存放在树中的同一层的节点上。该策略能够把被访问热度高的节点的访问分散到其他节点上,实现了负载均衡,提高了数据传输速度,同时最小化创建的副本数量。但该算法没有提出删除副本的方法,也没有对相邻节点的负载情况进行考虑。

文献[123]提出了一种副本复制策略,该策略设定一个阈值把节点分为"冷节点"和"热节点"。数据的迁移使用"推"和"拉"结合的方式。"热节点"将创建的副本主动地"推"给"冷节点",同理"冷节点"也会主动地从"热节点"上"拉"回副本进行存放。

文献[124]针对负载转移的策略,提出了3种方案,分别为负载从一台服务器迁移到另一台服务器,即一对一的方式;负载从一台服务器迁移到多台服务器,即一对多的方式;负载在多台服务器间进行迁移,即多对多的方式。在负载重的服务器上删除虚拟节点,在负载轻的服务器上增加虚拟节点,从而完成负载的迁移。

文献[125,126]提出了一种动态调整副本的算法,该算法能够最小化副本代价。但该算法没有权衡一致性和可用性等问题。

文献[127]提出了一种叫作 FDRM 的副本模型,该模型基于访问统计预测,能够对未来的访问情况做出预测,根据预测值完成对副本的自适应操作,使得系统开销最小化。

文献[128]提出了一种动态创建、删除副本的算法。算法实时存储每个文件的读取写入记录值,并把该记录保存在每个节点上。设定一个阈值,用于判断是否增加副本或者删除副本。如果副本收到读请求,该文件的记录值加1,当这个值达到阈值时,创建一个新的副本;如果副本收到写请求,该文件的记录值减 1,当这个值降到 0 时,删除这个副本。这个算法中,对于阈值的确定比较困难,同时每个节点要存储文件的读取写入记录值,将带来一定的开销。

文献[129]提出了一种副本调整策略,该策略根据副本的读写比例决定是否创建或删除副本,算法会每隔一定的时间周期读取副本的读写比例。

5.3　基于文件热度的动态副本策略的原理

5.3.1　文件热度的定义

文件热度即文件被访问的频率,文件被访问的次数越多,文件热度越大。对于存储该文件的节点来说,文件访问的热度高将使得此节点的负载增大,此时可以在其他节点增加此文件的副本,通过副本的引入分担负载重的节点的负载。使用文件被访问的历史次数评价文件的访问热度。

定义 1　时间队列 $T=\{t_1,t_2,\cdots,t_N\}$

其中 t_i 表示第 i 个时间周期。

定义 2　文件历史访问次数集合 H

$$H = \left\{ \begin{matrix} H_{f_1}^1 & H_{f_1}^2 & \cdots & H_{f_1}^N \\ H_{f_2}^1 & H_{f_2}^2 & \cdots & H_{f_2}^N \\ \vdots & \vdots & & \vdots \\ H_{f_m}^1 & H_{f_m}^2 & \cdots & H_{f_m}^N \end{matrix} \right\}$$

集合 H 记录每个周期内各文件访问的历史次数,其中 $H_{f_j}^i$ 表示文件 f_j 在 t_i 个时间周期的访问次数。

定义 3　文件 f_j 的热度 $H(f_j)$

$$H(f_j) = \sum_{t=1}^{N} 2^{-(N-t+1)} H_{f_j}^t \tag{5.1}$$

公式中文件访问次数的系数呈指数级增加,越近的访问次数的系数越大,以此保证越近的访问记录对文件热度贡献越大。文件访问次数的所有系数是一个收敛数列 $\frac{1}{2}$,$\frac{1}{4}$,$\frac{1}{8}$,$\cdots$,显然该数列收敛于 1,即 $\lim\limits_{n \to \infty}\left(\sum\limits_{i=1}^{n}\left(\frac{1}{2}\right)^i\right)=1$,符合权重的定义方法。

5.3.2　副本的选择及副本个数的确定

假如某个服务器上存在的热点文件比较多,则此服务器负载必然重,此时可以在其他负载较轻的服务器上增加热点文件的副本,将用户的访问重新分配到这些服务器,从而分散热点文件的访问，缓解热点文件所在的服务器的压力。增加副本时必须考虑副本数量的问题，副本越多，将占用更多的存储空间，同时在复制过程中将占用更多的带宽等资源；副本数量不够将不能更好地缓解服务器的压力。因此在进行副本复制时要首先考虑选择哪个副本及复制多少个副本的问题。

Rabinovich 等提出，在存储系统中，数据被访问的概率呈类 Zipf 分布，即 20％的文件将有 80％的访问频率，这 20％的文件就是热点文件[130]。根据这个理论，本文在选择要创建副本的文件时，认为访问频率排在后面的文件不是热点文件，仅考虑文件热度排在前 30％的文件。

副本个数是否增加不仅取决于此文件的访问热度，而且还要考虑访问此文件的访问距离。如果所有的访问都来自于存储此文件的本地节点，则不需要增加副本，此时若在其他节点上增加副本，反而在跨节点或者跨机架访问新复制的副本时，占用了更多的网络资源。因此本文在对副本进行选择时引入了访问距离、文件访问代价等概念，根据文件访问代价确定是否要增加副本，根据文件访问热度确定增加的副本个数。

定义 4 热点文件集合 $F = \{f_1, f_2, \cdots, f_n\}$

F 中存放文件热度排在前 30％的文件，其中 f_i 表示第 i 个文件，F 按照文件热度值的大小降序排列。

定义 5 访问距离 d_{ik}^f

d_{ik}^f 为用户第 i 次访问 f_k 文件的访问距离，如果用户与文件在同一个服务器节点上，d_{ik}^f 的值为 0；如果在同一机架上，$d_i^{f_k}$ 的值为 1；如果在不同的机架上，$d_i^{f_k}$ 的值为它们跨机架的个数。

定义 6 文件 f_k 第 t 个时间周期访问代价 $\mathrm{cost}_{f_k}^t$

$$\mathrm{cost}_{f_k}^t = \sum_{i=1}^{H_{f_k}^t} d_i^{f_k} \tag{5.2}$$

其中，$H_{f_j}^t$ 表示文件 f_j 在第 t 个时间周期的访问次数。访问代价主要衡量用户访问此文件的距离，距离越远访问代价越高，如果用户与文件在同一个节点，则访问代价为 0。第 t 个时间周期的访问代价即统计这个周期内，用户对文件的每次访问的访问距离之和。

定义 7 文件 f_k 在 N 个时间周期的总访问代价 cost_{f_k}

$$\mathrm{cost}_{f_k} = \sum_{t=1}^{N} \mathrm{cost}_{f_k}^t \tag{5.3}$$

文件 f_k 的总代价为此文件在 N 个时间周期的访问代价之和。

定义 8 文件平均访问代价 $\overline{\mathrm{cost}}$

$$\overline{\mathrm{cost}} = \frac{\sum\limits_{k=1}^{m} \mathrm{cost}_{f_k}}{m} \tag{5.4}$$

文件总个数为 m，文件平均访问代价为这 m 个文件总访问代价的平均值。

对于集合 F 中的文件 f_k，如果 cost_{f_k} 大于 $\overline{\mathrm{cost}}$，说明此文件的访问代价比所有文件的平均访问代价大，并且这个文件访问热度排在所有文件的前 30%，则要为文件 f_k 增加副本。

定义 9　文件 f_k 副本数量 Q_k

$$Q_k = \begin{cases} 3 & \text{cost}_{f_k} \leqslant \overline{\text{cost}} \\ 3 \times \left[\dfrac{H(f_k)}{\overline{H}} \right] & \text{cost}_{f_k} > \overline{\text{cost}} \text{ 且 } f_k \in F \end{cases} \quad (5.5)$$

其中 $\overline{H} = \sum\limits_{i=1}^{m} H(f_i)/m$，为所有文件的平均文件热度，$m$ 为文件个数。每个文件的最小副本数为 3，当文件 f_k 的访问代价比平均访问代价小，保持最小副本数；当 f_k 的访问代价大于平均访问代价时，增加副本数量。

5.3.3　副本位置的确定

上一节确定了文件副本的个数，下一步必须确定副本的放置位置。在寻找副本放置的节点位置时首先必须遵循的原则为：

(1)该节点上存储该文件的副本数为 0，即不允许一个节点上存放文件的副本超过 1 个，这样更好地保证冗余性。

(2)某个机架对文件的访问频率高，应该在此机架增加副本。

(3)增加副本的机架及节点具有足够的存储空间。

(4)机架的可用空间越大，越具有优势接收存放更多的副本。

(5)副本复制到机架的通信带宽越大越好，这样更有利于副本的传输复制。

(6)降低副本复制后的一致性维护成本,如果副本相距比较远,一致性维护的费用会比较大,因此副本的距离越近越好。

定义 10 文件 f_k 在机架 s 的副本位置代价值 V_{sk}^{f}

$$V_{sk}^{f} = \frac{H_s(f_k)}{\sum\limits_{i=1}^{l}H_i(f_k)} \times w_1 + \frac{S_s}{\sum\limits_{i=1}^{l}S_i} \times w_2 + \frac{B_s}{\sum\limits_{i=1}^{l}B_i}$$

$$\times w_3 - \frac{\mathrm{dis}_s}{\sum\limits_{i=1}^{l}\mathrm{dis}_i} \times w_4 \qquad (5.6)$$

其中,$H_s(f_k)$ 表示文件 f_k 在机架 s 的总访问热度,计算时只计算机架 s 对于文件的访问次数;S_s 表示第 s 个机架的可用空间;B_s 表示第 s 个机架的带宽;dis_s 表示第 s 个机架距离文件 f_k 的距离,l 为机架的个数。

计算副本位置代价值时,综合考虑了文件的访问频度、机架的可用空间大小、机架的带宽及机架距离访问文件的距离等几个因素,每个因素的权值分别为 w_1、w_2、w_3、w_4,$w_1 + w_2 + w_3 + w_4 = 1$,如果要重点考查哪个因素,只需给它赋予更大的权值即可。按照 V_{sk}^{f} 的值由大到小对机架进行排列得到集合 $R = \{R_1, R_2, \cdots, R_l\}$。依次从集合中取值 R_i,在机架 i 上增加副本,假设增加的个数为 M_i。

对于副本数目大于 3 的文件 f_k,机架 i 上增加文件 f_k 的副本个数取决于机架 i 上的此文件的副本位置代价与所有机架上的此文件的副本位置代价的比值,按照公式(5.7)计算。如果计算出机架上应增加的副本个数为 0 且这个机架为集合 R 中的第一个,即为 R_1,则设定 M_1 为 1;对于第 i 个机架,如果按照(∗)式计算 M_1 为 0,且已增加的副本数小于需要的副本总数,则令 M_1 为 1。

定义 11   机架 i 上增加副本个数 M_i

$$M_i = \begin{cases} \left\lfloor (Q_k - 3) \times \dfrac{V_i^{f_k}}{\sum\limits_{j=1}^{l} V_j^{f_k}} \right\rfloor, & (\ast) \\[2em] 1, & \begin{aligned} &\text{若按}(\ast)\text{式计算 } M_i = 0, \\ &\text{且} \sum_{j=1}^{i-1} M_j < Q_k - 3 \\ &\text{或 } i = 1,\text{且按}(\ast)\text{式} \\ &\text{计算 } M_1 = 0 \end{aligned} \end{cases} \quad (5.7)$$

确定了第 i 个机架应复制副本的个数,则在此机架选择节点放置副本。把机架 i 上的节点按照文件 f_k 的访问热度降序排序,顺次从这些节点选择,如果此节点已经存储文件 f_k,则继续选择下一个节点,如果节点上没有文件 f_k,则在此节点放置一个副本。

5.3.4   副本删除的策略

文件的副本不能单纯地增加,这样将会导致节点的存储空间越来越小,因此要定期地删除文件副本,释放节点的存储空间。删除副本要确定删除哪个文件、删除几个副本及删除哪些副本这几方面的问题。

1. 删除文件的选择

因为文件副本的最小个数为 3，因此只需判断副本个数大于 3 的文件。对于文件 f_i，假设其实际副本个数为 p_i。

$$m_i = \left\lceil \frac{H(f_i)}{H} \right\rceil \times 3 \qquad (5.8)$$

若 p_i 大于 m_i，则说明此文件副本过多，删除此文件的副本。

2. 删除副本的个数

m_i 是在 5.3.2 节中确定的文件 f_i 需要具有的副本的个数，p_i 是目前文件 f_i 实际具有副本的个数，因此待删除副本的个数按照以下公式计算，设其为 del_i。

定义 12 删除副本个数 del_i

$$del_i = p_i - m_i \qquad (5.9)$$

3. 删除副本的选择

选择删除的副本时，需要考虑的因素：

(1)副本访问次数少，则删除此副本。

(2)副本一致性维护成本高，则删除此副本。

(3)副本所在节点剩余空间小，则删除此节点上的副本。

(4)副本所在节点带宽小，则删除此节点上的副本。

(5)副本长时间不被访问，则删除此副本。

(6)删除副本后，剩下的副本不能都存储在同一个机架上。

定义 13 文件 f_i 第 j 个副本的删除代价为 dc_j

$$
\mathrm{dc}_j = w_1 \times \frac{H(f_i^j)}{\sum\limits_{x=1}^{k} H(f_i^x)} + w_2 \times \frac{S_j}{\sum\limits_{x=1}^{k} S_x} + w_3
$$

$$
\times \frac{B_j}{\sum\limits_{x=1}^{k} B_x} - w_4 \times \frac{\mathrm{dis}_j}{\sum\limits_{x=1}^{k} \mathrm{dis}_x} - w_5 \times \frac{t_j^{\mathrm{no}}}{\sum\limits_{x=1}^{k} t_x^{\mathrm{no}}}
$$

(5.10)

设文件 f_i 有 k 个副本 f_i^1、$f_i^2 \cdots$、f_i^k，其中，$H(f_i^j)$ 是文件 f_i 第 j 个副本的访问频度，S_j 是第 j 个副本所在节点的剩余存储空间，B_j 是第 j 个副本所在节点的带宽，dis_j 是第 j 个副本距离源文件的距离，利用此距离衡量一致性维护成本，t_j^{no} 为第 j 个副本从最后一次被访问到现在的时间。w_1、w_2、w_3、w_4、w_5 是每个因素的权值 $w_1 + w_2 + w_3 + w_4 + w_5 = 1$，如果要重点考虑某个因素，只需给它赋予更大的权值即可。

按照副本的删除代价升序对这 k 个副本进行排序，选择前 del_i 个副本进行删除，并且删除时要保证剩余的副本至少存储于两个及两个以上机架上。

5.4 基于文件热度的动态副本策略的算法描述

5.4.1 增加副本的算法描述

（1）每隔一个时间周期更新文件访问记录集合 H，记录用户对每个文件的访问记录。

(2)对每个文件计算文件热度。

(3)取文件热度排名前 30% 的文件构造热点文件集合 F。

(4)根据公式(5.3)及公式(5.4)计算每个文件的总访问代价及所有文件的平均访问代价。

(5)取集合 F 中的第一个文件,并从集合 F 中删除。

(6)判断此文件的总访问代价与平均访问代价关系:

• 若前者大,按照公式(5.5)计算增加副本的数量,转(7);

• 若后者大,转(5)。

(7)设定公式(5.6)中各权值的值,根据公式(5.6)计算此文件在所有机架的副本位置代价值,创建集合 R。

(8)从集合 R 中顺次选取机架,根据公式(5.7)确定这个文件在此机架的副本个数,把机架 i 上的节点按照文件 f_k 的访问热度降序排序,顺次从这些节点选择,如果此节点已经存储文件 f_k,则继续选择下一个节点,如果节点上没有文件 f_k,则在此节点放置一个副本。

(9)判断文件副本个数是否已达到预期个数,如果已经达到,转(10);否则转(8)。

(10)判断集合 F 是否为空,若为空,算法结束;否则转(5)。

5.4.2 删除副本的算法描述

(1)每隔一个时间周期,选择副本个数大于 3 的文件构成待删除文件集合 DF。

（2）若 DF 为空,算法结束;否则在 DF 中选择一个文件,并从 DF 中删除此文件,按照公式(5.8)计算预期副本个数,并与实际副本个数比较。若后者大,转(3);若前者大,转(2)。

（3）按照公式(5.9)计算应该删除的副本个数。

（4）确定公式(5.10)各权值的值。

（5）对每个副本按照公式(5.10)计算删除代价,并按照删除代价升序排序这些副本形成集合 RF。

（6）根据第(3)步计算的删除副本个数,从 RF 中顺次选取删除副本,若删除此副本后,剩余的副本均存储于同一个机架,则重新选取副本。处理完转(2)。

5.5　实验分析

实验环境包括 4 个机架,各个机架的访问距离及包含的节点个数见表 5.1。共有 1 个 NameNode 节点及 15 个 DataNode 节点,每个节点的 CPU 配置为 Intel 双核2.0 GHz,内存 2 G。因为算法要考虑节点的存储空间及带宽,因此把各个节点的这两个值配置为不同值。机架 1、2 的带宽为 100 M,机架 3、4 的带宽为 500 M。其中 2 个节点的硬盘空间为 1 TB,5 个节点的硬盘空间为500 G,其余的节点硬盘空间为 200 G。每个节点随机存储一些文件,这些文件的大小分别为 512 M、1 024 M、2 G,初始每个文件存储 3 个副本。存储之后统计每个节点的硬盘使用率如表 5.2 所示。

表 5.1　机架距离及节点数

	机架 1	机架 2	机架 3	机架 4	节点数
机架 1	0	1	2	3	5(包含 NameNode)
机架 2	1	0	1	2	2
机架 3	2	1	0	1	5
机架 4	3	2	1	0	4

表 5.2　各节点存储空间利用率

节点	空间利用率	所属机架
节点 1	52%	1
节点 2	71%	1
节点 3	58%	1
节点 4	78%	1
节点 5	11%	2
节点 6	21%	2
节点 7	20%	3
节点 8	46%	3
节点 9	25%	3
节点 10	32%	3
节点 11	25%	3
节点 12	82%	4
节点 13	45%	4
节点 14	53%	4
节点 15	61%	4

实验比较 HDFS 默认的 3 个副本的算法（简称 H 算法）、只考虑文件访问热度不考虑其余因素的多副本算法（简称 D 算法）以及本文提出的考虑多因素的算法（简称 T 算法），分别从创建的副本个数、读取文件的时间、增加副本后节点的文件访问量的标准差、节点的存储空间、用户的访问距离等几个方面对 3 个算法进行比较。

5.5.1 副本个数

选择 20 个时间周期观测副本的个数，随着时间的推移，前 15 个时间周期不断增加观测文件的访问次数，后 5 个时间周期减少观测文件的访问次数。为了使结果更具有代表性，不能单靠一个文件的副本数量进行实验验证。因此选取其中 3 个 1 024 M 的文件、3 个 512 M 文件、3 个 2 G 文件，观测它们的副本个数的平均值比较，结果如图 5.1 所示。

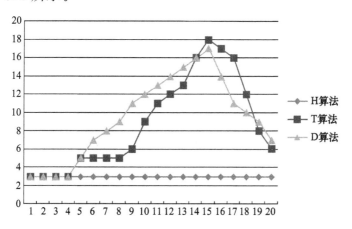

图 5.1　3 个算法副本个数的比较

图 5.1 中横坐标表示第几个时间周期,纵坐标表示副本的个数。H 算法的副本个数总是 3 个,D 算法和 T 算法随着访问次数的增加副本个数增加,随着访问次数减少副本个数减少。尽管两种算法均是根据访问次数的大小改变副本个数,但由于 D 算法只考虑访问次数一个因素,只要访问次数增加,副本个数即增加,因此随着访问次数增加副本数成阶梯状增加,随着访问次数减少副本个数也随即减少。但 T 算法在第 5 个至第 8 个时间周期副本增加得不明显,这是由于实验中增加文件的访问次数大多都增长在同一个机架或者同一个节点内,对于 T 算法来说,这种在同一个节点的或者同一个机架的访问次数的增加并不增加文件的代价,因此副本个数不增加。同理减少访问次数的第 16、17 个时间周期,副本个数也减少得不明显,这是由于减少的副本访问次数均在同一个机架或同一个节点上。从此实验结果得出结论,本文提出的 T 算法在创建副本时不仅仅单纯依靠副本的访问次数,访问距离也会影响副本的创建,在副本所在节点或所在机架上增加访问次数不会引起副本个数明显的改变,节省了存储空间、减少了系统创建副本的代价。

5.5.2　文件的读取时间

分别选择一个 512 M 文件、一个 1 024 M 文件,观测这些文件的读取时间,以最后一个完成读取的时间计算。选择 20 个时间周期,前 15 个时间周期不断增加文件的访问次数,后 5 个时间周期减少文件的访问次数。实验结果如图 5.2 和图 5.3 所示。

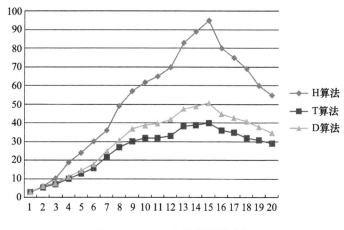

图 5.2　512 M 文件的读取时间

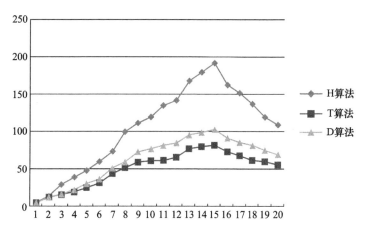

图 5.3　1 024 M 文件的读取时间

图 5.2 中,纵坐标的单位为秒,表示访问文件使用的时间;横坐标表示第几个时间周期。观察这个图,三种算法均随着访问次数增加访问时间增加,随着访问次数减少

访问时间减少。H 算法的用时最长,这是因为 H 算法的副本个数固定,访问次数越多响应时间越长;T 算法用时最短,这是因为 T 算法副本位置放置的时候考虑了带宽及距离等因素,相应地缩短了访问时间。

对于 1 024 M 的文件,得出的结论与 512 M 文件基本相同,结果如图 5.3 所示。从这两个实验可以得出结论,本文的 T 算法由于在放置副本时综合了带宽、访问距离等因素,缩短了文件的访问时间,提升了用户访问的效率。

5.5.3　增加副本后节点的文件访问量的标准差

选择机架 1 中的某个节点 M 上的 512 M 的文件 f 作为实验对象,其余文件的访问量不变,逐渐增大 f 的访问量后再逐渐减少 f 的访问量,观察 M 上的此 f 文件副本的访问量与所有文件访问量的标准差值,如图 5.4 所示。

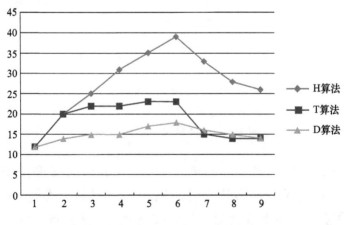

图 5.4　节点 M 上文件 f 访问量标准差

图中横坐标表示观测的时间周期值,纵坐标表示访问量标准差百分比,第一个时间周期为初始标准差值,一共观测 9 个时间周期,第 2 个到第 6 个时间周期不断增大文件 f 的访问量,第 7 个到第 9 个时间周期,不断减少文件 f 的访问量。从图中可以看出 H 算法的访问量标准差随着访问量的增加不断增大,随着访问量的减少不断减少,这是因为 H 算法的副本个数固定,不能把用户的访问分摊到其他更多的节点上。

当文件访问量增加时,D 算法中文件 f 的访问量增大并不是很多,同样文件访问量减少时,文件 f 的访问量变化也不是特别明显,这是因为 D 算法会随着访问量的增大增加副本个数,分摊此副本的访问量,使得 f 文件的访问量变化不是特别明显。

T 算法同样也利用副本个数的增加分摊访问量,但在第 2 个时间周期,访问量标准差却增大比较多,这是因为实验测试时,在第二个时间周期增大的访问均来自节点 M,对于 T 算法,如果访问的用户与文件在一个节点不增加访问代价,不会增加副本,因此这个节点上文件 f 访问量有所增大。对于用户与文件在同一个节点上的情形,如果把副本增加到其他节点上,反而访问这个副本时需要占用更多的网络资源,这样的策略不但减少了副本增加的个数,而且节省了网络资源及存储资源。

5.5.4 节点的存储空间

为了测试节点的存储空间在确定副本位置时的作用,

公式(5.6)中 w_1 设定为 0.7，w_2 设定为 0.3，w_3 和 w_4 均设置为 0，即只考虑文件访问热度与机架可用空间两个因素。从初始配置看，机架 1 的剩余空间最少，因此观测机架 1 的空间使用情况，实验结果如图 5.5 所示。

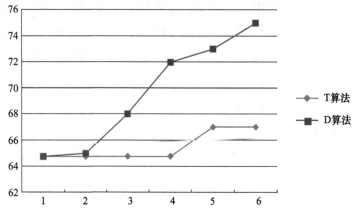

图 5.5　机架 1 的空间利用率随访问量增大变化图

图 5.5 中横坐标表示时间周期值，一共观察 6 个周期，纵坐标表示机架 1 的空间利用率，第 1 个时间周期是此机架的初始空间利用率。本实验没有对 H 算法进行测试，因为 H 算法不创建副本。D 算法中机架 1 随文件访问量的增大，空间使用情况不断增大，因为在 D 算法中副本的创建位置是随机的，尽管机架 1 的空间利用率比较大，仍然继续在此机架上创建副本。T 算法中第 2 个到第 4 个时间周期，机架 1 的空间利用率都没有变化，因为计算总代价时只考虑文件频度及剩余空间两个因素，在这几个时间周期增加的文件访问均来自机架 2、机架 3、机架 4，利用公式(5.6)计算总代价，机架 1 最低，副本不会放置在此

机架上。第 5 个时间周期,机架 1 的空间利用率增大是因为在第 5 个时间周期,把所有对文件的访问都从机架 1 上发起,机架 1 的总代价最大,副本创建在机架 1 上。

从此实验可以得出结论,T 算法在创建副本时确实考虑了机架的存储空间,能够避免把副本存储在空间利用率高的机架上,实现机架间的存储负载均衡。但如果对副本的访问均来自于空间利用率高的机架,为了节省网络资源,也会选择在利用率高的机架上存储副本。对其余参数的实验也能得出同样的结论,本文算法能将副本优先创建在带宽较大及一致性维护成本较低的节点上。

5.5.5 删除副本后的文件访问时间

本实验重点测试删除副本的算法,采用 T 算法和 D 算法删除 5 个文件的副本,删除后观察访问这 5 个文件的访问时间,实验结果如图 5.6 所示。公式(5.10)中 w_1 为 0.45、w_2 为 0.1、w_3 为 0.45。

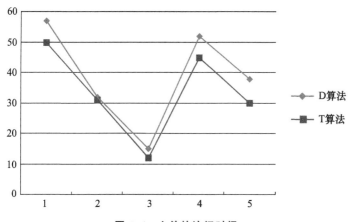

图 5.6 文件的访问时间

图 5.6 中,横坐标表示文件,一共 5 个文件,纵坐标表示访问时间,单位为秒。从图中可以看到 T 算法的文件访问时间均小于 D 算法。这是因为 T 算法在进行副本删除时主要删除最近不被访问或访问频度小的副本,而 D 算法采用的策略是随机删除,有可能删掉了访问量比较大的副本,造成了对副本访问时,访问时间有所延长。

5.6　本章小结

在云计算中,副本最主要的用途是为了进行数据冗余,当节点失效时,通过副本能够恢复原始数据,防止数据的丢失,从而保证了系统的稳定性及可靠性。以 HDFS 为代表的众多云计算文件系统均采用固定副本的技术。

实际应用中,用户对某个文件访问量过大会造成存储此文件节点的访问负载过重,将延长访问时间,影响用户的访问。此时可以在其余节点复制文件的副本,以此来分担节点的负载。在进行副本复制时要确定为哪个文件增加副本、增加副本的数量、在何处复制副本、何时复制副本、删除哪些副本及删除副本数量等问题。

本文提出了基于文件热度的动态副本技术来解决用户访问不均衡的问题。使用文件访问代价决定是否为此文件增加副本,文件访问代价的计算除了使用文件访问热度,也考虑文件访问距离,如果访问文件的用户与文件在同一个节点,则认为访问是没有代价的,如果用户访问与文件在同一个机架,也认为访问代价比较小。如果文件的访问代价比文件平均访问代价大,则确定为此文件增加副本。根据文件访问热度与平均文件访问热度的比值,确定副本的数量,默认副本最少为 3 个。确定副本位置时综合文件访问热度、机架的剩余空间、带宽及创建副本后一致性维护成本等因素。这几个因素的权值可以根据需要设定。副本创建时每个节点只允许有一个副本。

副本必须定期删除,否则节点的存储空间使用率将越来越大。对于副本个数大于 3 的文件,如果实际副本个数大于按照算法计算的预期副本个数,则进行删除,删除的副本个数值为这两者的差值。选择长时间不被访问或者访问次数低的副本进行删除,同时考虑机架的剩余存储空间,优先删除剩余存储空间低的机架上的副本,删除时还要考虑带宽、文件一致性维护成本等因素,这几个因素的权值可根据重要程度调整。为保证数据冗余,删除副本后,必须确保剩余的副本不能都存储在同一个机架上。

最后通过实验对本文算法、HDFS 的默认副本算法及只使用文件热度确定副本的算法进行了比较,实验主要从副本个数、文件的读取时间、节点上文件的访问量标准差、节点的存储空间的变化、删除副本后文件的读取时间等几个方面进行了比较。从实验的结果分析,本文提出的策略能够更好地综合各种因素对副本进行调整。

第6章
数据存储负载均衡策略——
多目标优化的模型

　　云计算环境下,数据及其副本存储在各个节点上,随着数据不断地存储、更新及删除,势必造成各个节点上数据存储的不均衡。即使在每个节点上存储的数据量是均衡的,但如果考虑各个节点的硬件配置的差异性、数据访问频度的差异性、数据访问并发度的差异性、网络带宽的差异性等因素,这些节点的存储负载也极可能是不均衡的。数据存储的负载不均衡将会影响用户的访问,甚至更严重地可能引起节点的宕机,因此必须处理好各个节点的数据存储的负载均衡问题。

　　本章以文件访问时间、访问并发度、访问热度等因素作为衡量指标,定义文件的实时负载,根据文件的负载值并结合节点的硬件配置、网络带宽等情况建立一个动态负载均衡模型。该模型最大的创新在于对数据存储进行负载均衡时不再像传统均衡算法那样只用存储空间作为衡量指标,本模型负载的衡量指标除了存储空间,还包括文件访问时间、并发度、访问热度、节点异构性、网络带宽等,从而使得节点的负载计算更加综合全面,负载均衡更加合理。

6.1 引言

随着 Internet 的高速发展与业务量的不断加大,网络的数据访问量快速增长,尤其是大型的门户网站、大型企业网站和数据中心,每天的访问量达到了 GB/S。服务器 Web、DNS、FTP、SMTP 等为访问者提供了越来越多的信息,服务器需要处理的数据越来越多[103]。同时,大部分的网站尤其是电子商务等网站需要服务器提供 $365 \times 7 \times 24$ 的服务,如果服务出现中断,哪怕只有很短的时间,将会造成巨大的经济及名誉损失。因此应用服务需要具备高可靠性、高扩展性和高可用性[101]。随着网络用户的不断增多,用户涉及的信息种类也越来越多,文字、图片、音频、视频等信息在网络中广泛应用。服务器需要处理的数据都是海量数据,对于海量数据的存储,只使用单机模式显然无法完成,服务器的处理速度、服务器的内存访问速度都无法适应用户的增长、网络带宽的增长以及服务的多样性和复杂性。这种情况下单纯提升服务器的硬件水平、提高服务器的性能显然无法解决这个问题。对此问题的解决方案就是用多台服务器构建一个服务器组,也即"云",这种方式的成本低,每个服务器的性能都不需很高,可扩展性好,当需求增加时只需增加服务器个数即可,不会影响已有的性能,同时某台服务器出现故障,不影响整个系统的性能,业务不会中断。

对于大量用户的业务产生的海量数据必须要进行存储,普通的存储模式是将信息集中存放在特定的服务器中,这种存储方式不再适合存放海量数据,服务器的性能将会成为整个系统的瓶颈。对于海量数据的存储,可以把数据存储在多个分散的服务器中,存储在"云"中,即采用分布式存储,而且为了提高可靠性,数据均需存储副本以备服务器出故障时能够恢复数据。

随着"云"的出现,在"云"中存储数据的问题也应运而生了,云存储解决了云计算中的数据存储问题。云存储是将云数据中心节点上异构的存储设备集合在一起为网络上的用户提供数据存储的服务。传统的文件存储系统与云存储系统之间有很多不同的地方。在系统采用的结构方面,传统文件系统采用的是数据总线结构,但云存储系统采用的是网络结构,因此传统文件系统比云存储系统的存储速度快、性能更好,网络带宽等网络因素都会影响云存储系统数据的存储性能。在存储单位方面,传统文件系统的存储单位是文件,而云存储系统的存储单位是文件块。在可靠性方面,传统文件系统采用 RAID 来实现,而云存储系统采用副本机制来实现,云存储系统中在不同的节点上存放两个或多个副本来实现冗余。

云数据存储存在不均衡的现象,其主要原因有:物理节点分布的不均衡、存储资源分布的不均衡、资源访问的热点不均衡、节点配置存在差别等。只有解决了数据存储的负载均衡问题,才能使系统更好地为用户服务。

分析第三章的研究成果,Hadoop 在云数据中心进行负载均衡时,主要是依据机架或节点的存储空间大小这个因素。但实际上除了存储空间影响数据存储的负载均衡,还有许多因素也会对数据存储负载均衡产生影响。假如有两个节点的存储空间及存储的数据量相同,但其中某个节点上的文件访问热度或并发度比较高,很明显这个节点的负载比较大;带宽也会影响节点的负载,带宽大的节点的吞吐量会比较大,它能响应更多用户的请求。所以对于存储负载均衡算法而言,除了存储空间这一个衡量因素,还存在着很多的影响因素。本文建立一个多目标优化的负载均衡模型,该模型综合了文件大小、文件访问时间、文件访问热度、节点性能、带宽等因素确定节点的负载值,根据节点负载的大小确定数据迁移的方式。

6.2 研究现状

在云计算环境中,大规模并行任务的运行容易造成某些节点负载过重、数据存储的负载不均衡,进而导致整个云计算平台负载不均衡和效率低下,针对此问题,众多学者从不同的侧面进行了研究。

文献[104]提出了一种面向云计算的分态式自适应负载均衡策略,该策略根据节点的负载度判断节点负载的状态,当节点处于轻度过载或重度过载时,自发地执行过载避免或快速均衡的方法。该策略通过动态调整节点的效益度,减轻超重负载的节点的负载量,同时避免轻度过载的节点发展为重度过载的节点。但是该算法没有考虑节点的硬件配置等因素。

文献[105]提出了基于对象存储的负载均衡存储策略,该文综合考虑存储对象的空间及 I/O 等负载的实时变化,提出了一种简单、灵活、高效的负载均衡存储策略。但是该策略没有考虑数据访问的热度等因素。

文献[106]提出了一种云存储系统的负载均衡算法,该算法基于层次分析法(Analytic Hierarchy Process,AHP),以可用 CPU、可用内存、可用存储空间和访问热度四个因素作为衡量指标,建立了一个综合评估指标体系,计算各个存储节点的综合负载,并根据这个综合负载值进行负载均衡调度。在此算法中综合考虑了几个因素,但各个因素的值只是根据各自的强弱定义一个数值。

文献[107]针对云存储系统中的存储负载不均衡问题,提出一种基于节点动态前移(NDF)的负载均衡算法。在该算法中,不断动态向前移动过载节点,从而缩小了节点存储分区,进而降低节点的存储负载。同时,过载节点向第 3 个后继节点复制相关数据,保证系统中数据的副本数量稳定。此算法考虑了节点配置的差异性,但没有考虑文件访问的热度、频度等问题。

文献[27]提出了一种基于文件热度的多时间窗负载均衡策略,该策略最大限度地降低了系统响应时间。在计算文件热度时,不仅考虑了访问的次数和大小,还考虑了 I/O 访问时序等因素。该算法能够避免由于短时间突发性数据访问所引起的副本创建。但该算法没有综合考虑节点配置、带宽等因素。

文献[108]针对云计算环境设计了一种基于回填策略的两级调度器,实现了负载均衡和服务质量保证。

文献[109]在一个3级云计算网络中,融合 OLB 和 LBMM 两种算法进行负载均衡。

文献[110]综合动态负载均衡算法。算法让存储节点检测自身负载,当负载有一个跳跃变化(如从适载到过载)时,就向中心服务器反馈相关信息。中心服务器根据存储节点的负载轻重维持多个队列,存储服务优先分配给轻载队列,而在同一队列中则采用轮询算法进行分配。

6.3 多目标优化的云存储负载均衡模型的建立思想

6.3.1 评价指标的选取

本文在建立负载均衡模型时选用以下因素作为评价指标:

(1)文件的访问次数(t)　文件的负载值与被访问的次数成正比关系,被访问次数越多,负载值越大。

(2)文件的并发访问数(m)　并发访问次数多的文件负载值更大。

(3)文件的未访问时间(r)　随着文件不被访问时间的增加,它的负载值不断减少。

(4)文件大小(l)　文件的负载值与其文件大小成正

比关系,文件越大,负载值越大。

（5）第 i 次访问文件的时间（d_i）　文件的负载值与文件的被访问的时间长短成正比关系,被访问的时间越长,负载值越大。

（6）网络带宽大小（W）　访问的数据量相同时,节点的负载值与网络带宽成反比关系,网络带宽越大,节点的负载值越小。

（7）节点的可用存储空间大小（L）　访问的数据量相同时,节点负载值与节点的可用存储空间成反比关系,节点可用空间越大,其负载值越小。

（8）节点的 CPU 能力（C）、节点的内存大小（M）　访问同等数据量时,节点的负载与节点的 CPU 能力及节点的内存成反比关系,节点的性能越好,其负载值越小。

6.3.2　负载值的计算

首先计算每个文件的负载值,根据文件大小与平均文件大小计算文件的负载基础值,文件越大则它的负载基础值越大;文件长时间没有被访问,则此文件对该节点的负载影响小,减少此文件的负载值;文件被并发访问的数量越多,则对节点的负载影响越大,提高文件的负载值。

在文件每次被访问时更新文件的负载值,计算文件负载值时考虑的因素有:文件大小、文件的未被访问时间、文件的并发访问数量等。如果一个文件一直未被访问,在每个 T 时刻主动更新文件的负载值,防止长时间不被访问的文件的负载值一直保持不变。

根据服务器节点上各文件的负载值计算节点的负载值。综合考虑内存、CPU、带宽、节点的存储空间等因素，为每个分量定义一系数，需要侧重那个因素，则把它对应的系数设置较大的值即可。最终得到一个综合多种因素的多目标优化的节点负载值，根据此负载值决定如何进行负载均衡。

6.3.3 相关定义

定义 1 服务器 j 上文件 i 的第 t 次被访问时的负载 $e_j(f_i,t)$

$$e_j(f_i,t) = e_j(f_i,t-1) \times o^r + l_i \times$$
$$(d_{i1} + d_{i2} + \cdots + d_{im})/(l' \times d') \quad (6.1)$$

(1) o 值由用户设定，其值为 0 到 1 之间，r 越大，o^r 越小。

(2) r 为一时间差值，它是第 t 次更新文件负载的时间与第 $t-1$ 次更新文件负载的时间的差值。

(3) t 表示第 t 次访问该文件。

(4) j 表示第 j 个服务器。

(5) f_i 表示第 i 个文件。

(6) $e_j(f_i,t)$ 表示在服务器 j 上第 t 次访问文件 f_i 的负载值。

(7) $e_j(f_i,0)=0$，即文件还没被访问时，其负载为 0。

(8) 只有当 f_i 文件每次被访问时，才会按照此公式对其负载值进行更新，如果文件没有被访问，不会执行此公式。

(9) $e_j(f_i,t-1) \times o^r$：文件负载值不能无限制增加，相

反随着不被访问时间的增长,其负载值应逐渐变小,直到负载趋近于 0。因此用 $e_j(f_i,t-1)\times o^r$ 公式更新文件负载值,文件两次被访问的时间间隔越长,$e_j(f_i,t-1)\times o^r$ 值越小,即文件负载值变得更小。

$(10)\ l_i\times\dfrac{(d_{i1}+d_{i2}+\cdots+d_{im})}{(l'\times d')}$:文件负载值在每次被访问后增大,其增大的值用此公式计算。文件大小越大、并发访问此文件的用户数越大,则文件的负载越大。其中,访问该文件的并发数为 m,d_{ik} 表示对文件 f_i 的第 k 个访问的访问时间,d' 为此节点上全部文件的所有并发访问时间的平均值,l_i 表示 f_i 文件的大小,l' 表示此节点上所有文件的平均大小。利用文件访问时间、文件大小与平均访问时间、文件大小平均值的相对值进行计算。

定义 2 长时间不被访问文件在 T 时刻的负载 $e_j(f_i,T)$

$$e_j(f_i,t)=e_j(f_i,T)=e_j(f_i,T-\Delta t)\times o^{\Delta t}\quad(6.2)$$

(1)Δt:表示更新文件负载的时间间隔。

(2)当文件长时间不被访问,应该每隔一定时间减少它的负载值。此公式的用途即是减少长时间不被访问的文件的负载值。每隔 Δt 时间更新一次。更新后的文件负载值作为文件第 t 次访问(最后一次访问)的负载值。

(3)此公式只用于修正在这 Δt 时间内没有被访问的文件,若在此时间内已按照公式(6.1)更新过文件的负载值,则不需要再按照公式(6.2)更新。

定义 3 j 服务器节点的总负载 E_j

$$E_j=\sum_{i=1}^{n}e_j(f_i,t)\quad(6.3)$$

其中,n 为 j 服务器的文件总数,节点的总负载为此节点上所有文件负载的总和。

定义 4 j 服务器节点的相对负载 P_j

$$P_j = E_j \times (K_w \times W'/W_j + K_1 \times L'/L_j \\ + K_c \times C'/C_j + K_m \times M'/M_j) \qquad (6.4)$$

(1)服务器的相对负载大小与 CPU 能力、内存大小、带宽大小、可用存储空间大小成反比关系。

(2)W' 为所有服务器的平均带宽,M' 为所有服务器的平均内存,L' 为所有服务器的平均可用存储空间,C' 为所有服务器的平均 CPU 处理能力。

(3)C_j 表示第 j 个服务器的 CPU 处理能力,M_j 表示第 j 个服务器的内存大小,根据 CPU 及内存的能力划分等级,公式中使用等级进行计算。C'、M' 根据 C_j 与 M_j 计算,C_j 与 M_j 由管理员根据当前设备的情况给各个设备评分。

(4)W_j 表示第 j 个服务器的带宽,L_j 表示第 j 个服务器的可用存储空间大小。

K_w,K_1,K_c,K_m 分别表示带宽、存储空间、CPU 能力、内存 4 个决策因子的比例系数,$K_w + K_1 + K_c + K_m = 1$,需要主要考虑哪个因素,只需调整各个系数即可。例如如果衡量服务器的相对负载时只考虑带宽因素,可以设置 $K_w = 1,K_1 = K_c = K_m = 0$;如果重点考虑设备性能,可以设置 $K_w = 0,K_1 = K_c = 0.5,K_m = 0$。

定义 5   阈值 Q,节点的相对负载值与所有节点的平均负载值的差值小于阈值 Q,认为负载均衡。

6.4 多目标优化的云存储负载均衡模型的算法描述

模型建立的算法流程图如图 6.1 所示,其具体算法描述如下:

(1)计算各服务器的相对负载 P_j 及所有服务器的总平均负载 P'。

(2)创建两个队列 Q、S,队列 Q 按降序排列,其中存放的节点的相对负载大于平均负载与阈值之和,队列 S 按升序排列,其中存放的节点的相对负载小于平均负载与阈值之差。

(3)在队列 Q 中顺次取第一个服务器节点,假设为 k。把 k 中的文件按照负载值大小降序排列,构成队列 H。

(4)从队列 H 中顺次取第一个文件,假设为 u,如果文件 u 处于写状态,则从队列 H 中重新顺次选择。

(5)从队列 S 中顺次取第一个服务器节点,假设为 x。

(6)如果文件 u 的负载累加到节点 x 上后,使得 $P_x \geqslant P' + Q$,转(4)重新选取文件。

(7)文件 u 迁移到服务器节点 x 上,从 H 中删除文件 u,重新计算服务器 k 及 x 的负载。

• 如果 k 的负载小于平均负载与阈值 Q 之和,从队列 Q 中删除 k,重新排序 Q;

• 如果 x 的负载大于平均负载与阈值 Q 之差,从队列 S 中删除 x,重新排序 S;

• 若队列 Q、S 都不为空，转(3)；若队列 Q、S 全为空，算法结束；否则转第(1)步继续执行。

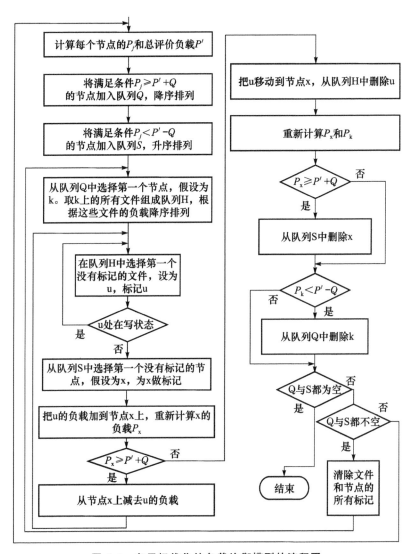

图 6.1　多目标优化的负载均衡模型的流程图

6.5 实验分析

实验环境如图 6.2 所示,其中包括机架 A、机架 B、机架 C 三个机架;机架 A 中有 1 个节点 A1,机架 B 中包含 B1、B2、B3 三个节点,机架 C 中包含 C1、C2 两个节点。这 6 个节点的具体配置如表 6.1 所示。

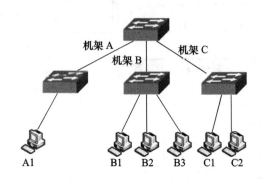

图 6.2　实验环境拓扑图

表 6.1　节点的初始配置

节点	CPU	内存	操作系统	硬盘空间大小	带宽
A1	1.3 G	2 G	Ubuntu 10.04	4 G	10 M
B1	1.3 G	2 G	Ubuntu 10.04	4 G	100 M
B2	2.0 G	4 G	Ubuntu 10.04	4 G	100 M
B3	3.2 G	4 G	Ubuntu 10.04	4 G	100 M
C1	1.3 G	2 G	Ubuntu 10.04	4 G	10 M
C2	2.0 G	4 G	Ubuntu 10.04	4 G	10 M

根据表 6.1 中各节点的硬件配置,各节点的内存评分:3、3、4、4、3、4;CPU 的评分:3、3、4、5、3、4;K_w、K_1、K_c、

K_m 的值是 0.4、0、0.3、0.3。

选择节点 A1 作为客户端,从 A1 上存储数据,分别存储 1 M、2 M、3 M、5 M、10 M、15 M、20 M、30 M、40 M、50 M、200 M、500 M、1 G 大小的文件,具体文件个数如表 4.2 所示,存储之后各个节点的空间使用情况见表 6.3。

表 6.2　文件大小、个数表

文件大小	文件个数
1 M	100
2 M	100
3 M	100
5 M	100
10 M	100
15 M	10
20 M	10
30 M	10
40 M	10
50 M	10
200 M	4
500 M	2
1 G	2

表 6.3　原始空间使用率

节点	存储空间(GB)	均衡前	
		已使用空间(GB)	空间利用率(%)
A1	8.0	7.48	93.5
B1	8.0	4.06	50.75
B2	8.0	4.08	51

续表 6.3

节点	存储空间(GB)	均衡前	
		已使用空间(GB)	空间利用率(%)
B3	8.0	4.02	50.25
C1	8.0	1.26	15.75
C2	8.0	1.24	15.5

在客户端节点 A1 上存储一个副本,剩余两个副本存储在其余节点上,从表 6.3 可以看出,各个节点的存储负载显然是不均衡的。在节点 C1 上进行测试,分别读取各种大小的文件,文件个数大于 5 的文件均各读取 5 个,其响应时间如图 6.3 至图 6.6 所示。在这四个图中,加菱形的折线为负载平衡前的响应时间折线图,加方框的折线为使用 Hadoop 算法进行负载均衡后的响应时间折线图,加三角的折线为本文算法进行负载均衡后的响应时间折线图;纵坐标代表的是读取文件的响应时间,单位为秒;横坐标表示的是访问的哪个文件,文件的编号规则为 F1M1～F1M5 代表 1 M 的文件、F2M1～F2M5 代表 2 M 的文件、F3M1～F3M5 代表 3 M 的文件,以此类推。

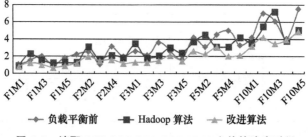

图 6.3　读取 1 M、2 M、3 M、5 M、10 M 文件的响应时间

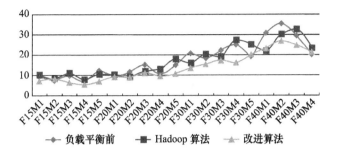

图 6.4　读取 15 M、20 M、30 M、40 M 文件的响应时间

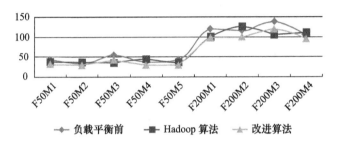

图 6.5　读取 50 M、200 M 文件的响应时间

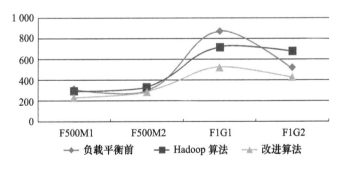

图 6.6　读取 500 M、1 G 文件的响应时间

　　观察这几个实验结果图,读取各个文件的响应时间长短不一,而且这个时间并不是完全与文件大小相关,也就

是说不是所有的大文件的响应时间长,小文件的响应时间短。例如 F1M3 与 F2M1 这两个文件比较,显然前者文件小,但它用的响应时间更长;再如比较 F5M4 和 F10M1,显然后者文件大,但它用的响应时间反而更短;除此之外,还有更多的文件也存在着这种情况。因此,可以得出结论,读取文件的响应时间不是单纯的只与文件大小相关。这些文件存放在 6 个节点上,从 C1 节点读取,每个节点的性能、带宽以及文件的活跃程度都会影响访问时间。

利用 Hadoop 的负载均衡算法及本文的算法进行负载均衡实验,实验结束后各个节点的存储空间利用率如表6.4、表 6.5 所示。Hadoop 算法均衡后节点的空间利用率分别为 51.5%、51.5%、51.25%、51.5%、35.5%、35.5%;本文算法均衡后空间利用率分别为 36.25%、42.5%、55%、59.75%、33.75%、49.5%。从空间利用率这方面分析,显然无论 Hadoop 的均衡算法还是本文的算法均使得这几个节点的存储负载达到了均衡。从响应时间这方面分析,仍然从 C1 节点上访问各种大小的文件,每种文件各读取 5 个,时间结果见图 6.3 至图 6.6 中的加方框的折线和加三角的折线。从图中看出,对于 Hadoop 算法,负载均衡前后读取各文件的响应时间差别不大,仍然存在很多小文件用时长、大文件用时短的情况;但经过本文的算法负载均衡后,能够使得小文件的响应时间短,大文件的响应时间长,同样大小的文件响应时间也比较接近。这就说明了本文算法在做负载均衡时不只是对存储空间进行均衡,还对文件大小、节点性能、带宽等方面都进行了均衡,才能使得各文件的响应时间趋于一致。

表 6.4　Hadoop 算法均衡后的空间使用率

节点	存储空间(GB)	Hadoop 算法均衡后	
		已使用空间(GB)	空间利用率(%)
A1	8.0	4.12	51.5
B1	8.0	4.12	51.5
B2	8.0	4.1	51.25
B3	8.0	4.12	51.5
C1	8.0	2.84	35.5
C2	8.0	2.84	35.5

表 6.5　本文算法均衡后空间使用率

节点	存储空间(GB)	本文算法均衡后	
		已使用空间(GB)	空间利用率(%)
A1	8.0	2.9	36.25
B1	8.0	3.4	42.5
B2	8.0	4.4	55
B3	8.0	4.78	59.75
C1	8.0	2.7	33.75
C2	8.0	3.96	49.5

从空间使用率方面比较 Hadoop 算法与本文算法,虽然两个算法都能使得存储空间趋于均衡,但 Hadoop 算法使得存储的负载较均衡。从响应时间方面比较 Hadoop 算法和本文算法,显然本文的算法对文件大小、文件活跃度、节点性能等方面进行了综合,使得负载值不再单纯依赖存储空间这一个因素,响应时间更快更均衡。本文提出的算法模型最终不仅仅实现了节点间存储空间的负载均

衡,文件响应时间也更均衡,实现了用多因素综合评价负载值。

6.6 本章小结

Hadoop 根据存储空间这个因素设计了负载均衡算法,目前存在的算法有的考虑了节点的配置差异、网络带宽等,有的考虑了文件的访问热度,但这些算法都是从一个方面来对数据存储进行了负载均衡。本文提出了一个多目标优化的负载均衡模型,该模型以多种因素作为负载值的衡量条件:节点存储空间大小、文件大小、文件并发访问度、文件访问时间、节点的性能(CPU、内存、带宽)等,负载迁移到处理能力强的节点上,不仅实现了节点间存储空间的负载均衡,同时实现了访问文件响应时间的一致性、均衡性,实现了系统综合负载的均衡。最后通过实验比较了 Hadoop 的负载均衡算法与本文算法,尽管 Hadoop 负载均衡算法使得数据存储分布的均衡性优于本算法,但在综合各因素时,明显 Hadoop 的负载均衡算法不如本章的负载均衡算法。

第7章
数据存储负载均衡策略——
Hadoop 的超负载机架
优化策略

　　自从 Hadoop 出现至今,它就受到企业界及研究机构的广泛研究,正是由于它的高可拓展性、高可靠性、高容错性和高效性,使得 Hadoop 技术目前已得到了普遍的应用。例如,Yahoo 在广告系统和 Web 搜索的研究中使用了 Hadoop 技术,利用 4 000 个节点构成 Hadoop 集群;百度为了进行数据挖掘及分析搜索日志,也利用 Hadoop 来处理海量数据;Facebook 用 1 000 个节点构成的 Hadoop 集群存储日志数据,进行数据分析和机器学习;淘宝构建 Hadoop 系统存储处理海量数据。

　　HDFS 是 Hadoop 的文件存储系统,其数据以块为单位进行存储,每个块都有相应的副本以保证数据的冗余,块及其副本存储在集群中的各个节点上。随着时间的推移及各个副本不断地存放、删除,必然导致各个节点的数据存储的不均衡。不均衡将会导致部分 Datanode 相对繁忙,而另一些 Datanode 空闲,进而有可能使得某些集群瘫痪。Hadoop 提供了均衡器(Balancer)程序来解决负载均衡的问题。

本章在系统研究 Hadoop、HDFS 及其均衡器(Balancer)程序的基础上,提出了超负载机架的优先处理及引用排序策略解决负载均衡的优化策略。超负载机架优先处理的策略能够优先处理高负载机架,不仅能实现系统整体的均衡,更突出的是使高负载机架在较短时间达到均衡,从而避免高负载机架状况进一步恶化;排序策略对链表进行合理的排序,实现了选取均衡机架时更加合理,优先处理负载大的机架。

7.1 研究现状

随着 Hadoop 系统的持续运行,将有新的数据节点不断添加到 Hadoop 集群中,同时也有旧的节点从集群中删除,此时 HDFS 集群将出现各节点间的数据存储不均衡的情况。HDFS 数据存储的不均衡将引发很多问题,比如延长数据的响应时间,节点的磁盘利用率低,带宽利用率低等。因此,数据存储负载均衡对 HDFS 是非常重要的。

文献[99]对 Hadoop 进行改进,主要改进了数据放置策略,基于节点网络距离与数据负载计算每个节点的调度评价值,然后选择一个最佳的远程数据副本的放置节点,从而实现数据放置的负载均衡。

文献[1]提出了基于动态带宽分配的 Hadoop 数据负

载均衡方法。通过控制变量动态分配网络带宽实现数据负载均衡，并建立了基于控制变量的数据负载均衡数学模型。

文献[100-101]针对云计算环境下工作负载的不均衡问题进行研究，提出了动态再分配负载和基于模糊预测的方法实现工作负载均衡，提高系统的资源利用率和性能。

文献[102]提出了根据计算节点的处理能力按比例存放数据的策略，该策略考虑了节点的异构性，通过提出的数据放置策略改进了 Hadoop 异构集群系统的性能。

7.2 Hadoop 数据存储负载均衡的原理

Hadoop 提供了 Balancer 程序，调用此程序即能完成 Hadoop 的负载均衡。负载均衡时定义四个链表分别存放超负载节点、负载超过平均值但不是超负载的节点、负载低于平均值但负载不是非常低的节点、负载非常低的节点，均衡时把超负载链表中节点的负载均衡到负载非常低的链表及负载低于平均值的链表的节点中，如果后者还有空间，则把负载超过平均值但不是超负载链表中的节点的负载继续向这两个链表中均衡，重复这些过程，直到所有节点达到相对平衡。

7.2.1 Balancer 程序

Balancer 程序是 Hadoop 中负责负载均衡的程序，运行它的命令为：

sh ＄HADOOP_HOME/bin/start-balancer. sh-t 10％

其中,10％为一个阈值参数,其值由用户设定,如果 Hadoop 集群中各节点空间利用率的偏差值小于该值即认为已达到均衡。通过 Balancer 程序的运行,最终能够使得 HDFS 集群实现负载均衡。

7.2.2 Hadoop 数据存储负载均衡算法的详细描述

(1)计算存储空间平均使用率 AS:AS＝US/TS,其中 US 是集群中全部机架的所有 Datanode 节点的已使用空间,TS 是集群中全部机架的 Datanode 节点的总空间。

(2)根据第(1)步计算的 AS 及每个节点的空间使用率建立 4 个链表。对于节点 x,假设其空间使用率为 p,p 的值为此节点已使用空间与总空间的比值。

• belowAvgUtilizedDatanodes(以下简称 below)链表

如果节点 x 满足 $AS-threshold \leqslant p < AS$,则把节点 x 加入到 belowAvgUtilizedDatanodes 链表。

• underUtilizedDatanodes(以下简称 under)链表

如果节点 x 满足 $p < AS-threshold$,则把节点 x 加入到 underUtilizedDatanodes 链表。

• aboveAvgUtilizedDatanodes(以下简称 above)链表

如果节点 x 满足 $AS < p \leqslant AS+threshold$,则把节点 x 加入到 aboveAvgUtilizedDatanodes 链表。

• overUtilizedDatanodes(以下简称 over)链表

如果节点 x 满足 $p > AS+threshold$,则把节点 x 加入

到 overUtilizedDatanodes 链表。

在这 4 个公式中的 threshold 为一阈值，它的值由用户设定，用于调整各个链表中节点的空间使用率与平均空间使用率的偏差。

(3)先在机架内进行负载均衡，如果机架内部无法完成负载均衡，再在机架间进行负载均衡。

(4)确定 Source 和 Target 链表，均衡时把 Source 中节点的负载迁移到 Target 中的节点。按照以下的顺序对这两个链表进行选择：

①把 over 链表作为 Source 链表，把 under 链表作为 Target 链表。按照第(5)步及第(6)步的方法迁移数据。迁移数据后，若 under 链表为空，跳转第②步；若 over 链表为空，跳转第③步。

②把 over 链表作为 Source 链表，把 below 链表作为 Target 链表。按照第(5)步及第(6)步的方法迁移数据。迁移数据后，若 over 链表为空，跳转第④步；若 below 链表为空，跳转算法第(7)步。

③把 above 链表作为 Source 链表，把 under 链表作为 Target 链表。按照第(5)步及第(6)步的方法迁移数据。迁移数据后，若 above 链表为空，跳转算法第(7)步；若 under 链表为空，跳转第④步。

④把 above 链表作为 Source 链表，把 below 链表作为 Target 链表。按照第(5)步及第(6)步的方法迁移数据。

(5)对于第(4)步中确定的 Source 链表及 Target 链表，进行负载均衡时，具体的操作步骤为：

①从 Source 链表中选择一个节点,设为 S,从 Target 链表中选择一个节点,设为 T,S 与 T 组成节点对,直到其中某个链表为空,再按照第(4)步的规则更换 Source、Target 链表。

②节点 S 作为源节点,T 作为目标节点,均衡时把 S 的负载迁移到节点 T 中。

③对于每个源节点,实时记录它已完成均衡的字节数(scheduledSize)及需要均衡的字节数(maxSizeToMove);对于每个目标节点,实时记录它已接收均衡的字节数(scheduledSize)及最大能接收的字节数(maxSizeToMove)。

④比较源节点 S 中已迁移的字节数与未达到均衡需要迁移的字节的关系,如果前者大,说明已经迁移足够的数据,该源节点目前已均衡,从队列中删除 S;如果后者大,则需要继续迁移源节点 S 中的数据。

⑤比较目标结点 T 已接收的迁移数据的字节数与其能接收的最大字节数进行比较,如果前者大,说明节点 T 不能再接收迁移数据,否则将造成自己不均衡,从队列中删除 T;如果后者大,则节点 T 能够继续接收均衡数据。

(6)一个源节点的负载可以迁移到多个目标节点,直到这个源节点达到均衡;一个目标节点可以接受多个源节点的数据,直到目标节点接受的数据达到最大值。

(7)算法执行一遍后,判断目前系统是否均衡,如果没有均衡,返回到初始重新执行本算法。

7.2.3　负载迁移时块移动的规则

节点 S、T 进行负载均衡时,假设要把 S 中的数据块 b 移动到 T,满足以下条件的数据块为可移动的块:

(1)数据块 b 不是正在移动或已移动的数据块;

(2)数据块 b 在节点 T 中没有副本,保证在一个节点中不能有两个副本;

(3)减少数据块副本所在的机架数,具体策略为:

①如果节点 S 与 T 在同一机架,则可以移动数据块 b,理由是数据块 b 的位置没有跨机架;

②遍历 b 的副本,如果副本的位置与 T 在同一机架,则继续判断③,否则可以移动数据块 b;

③遍历数据块 b 的副本,如果有副本与 S 在同一机架,且此副本不在 S 上,则可以移动数据块 b。

7.3　超负载机架优先处理的策略

7.3.1　Hadoop 数据存储负载均衡算法的问题描述

上一节描述的 Hadoop 的负载均衡算法没有优先处理负载超重的机架,它的原则永远是先进行机架内的均衡,再进行机架间的均衡。假设存在一个机架 M,它其中的节点大多是 over 节点,只有很少的 below 或 under 节点,显然这个机架的负载比较重,称之为负载超重机架。单纯在此机架中把 over 节点上的负载迁移到 below 和

under 节点,无法达到负载均衡,也就是说在本机架内无法完成负载均衡,必须把这个机架上的负载迁移到其他机架。但 Hadoop 的负载均衡算法总是先在机架内进行,这样势必延迟了超负载机架的均衡时机。对于超负载的机架应该优先进行处理,优先进行均衡,只处理超负载机架上的 over 节点即可,只有这些节点的负载重,先处理完这些节点就能缓解超负载机架的负载重问题。

7.3.2　相关定义

定义 1　节点 i 的空间利用率 p_i：$p_i = u_i / t_i$。其中,u_i 是节点 i 的已使用空间,t_i 是节点 i 的总空间。

定义 2　所有节点的平均空间利用率 m：$m = $ Aui/Ati。其中,Aui 是所有节点的已使用总空间,Ati 是所有节点的总空间。

定义 3　阈值 K:用户根据情况设定此阈值的值,负载值大于该阈值的机架为超负载机架,需要优先进行均衡。

定义 4　above 节点:如果节点 i 满足公式 $m < p_i \leqslant m + $ ts,则这个节点为 above 节点。其中,ts 是由用户设定的阈值。

定义 5　over 节点:如果节点 i 满足公式 $p_i > m + $ ts,则这个节点为 over 节点。其中,ts 是由用户设定的阈值。

定义 6　below 节点:如果节点 i 满足公式 $m - $ ts $\leqslant p_i < m$,则这个节点为 below 节点。其中,ts 是由用户设定的阈值。

定义 7　under 节点:如果节点 i 满足公式 $m - $ ts $>$

p_i,则这个节点为 under 节点。其中,ts 是由用户设定的
阈值。

定义 8 第 i 个机架的超负载数据量 E_i:E_i 为机架 i
中所有超负载节点(over 节点)的待平衡的数据总量,即这
些超负载节点需要优先均衡的数据量。

定义 9 第 j 个机架的自均衡能力 SS_j:$SS_j = L_j/G_j$。
这个值用来衡量某个机架在其内部是否能完成均衡。其
中,L_j 是为了使机架 j 达到均衡需要迁移出去的总数据
量,G_j 是能够迁移到机架 j 的总数据量。若 $SS_j \leqslant 1$,则需
要迁移出的数据总量比能够迁移进来的数据总量少,即在
机架内能够完成负载均衡;若 $SS_j > 1$,则需要迁移出的数
据总量比能够迁移进来的数据总量多,即机架内不能够完
成负载均衡;若 $SS_j > K$,则需要迁移出的数据总量比能够
迁移进来的数据总量多很多,即此机架负载超大,机架 i
急需均衡。

定义 10 第 j 个机架的超负载自均衡能力 OS_j:$OS_j = E_j/G_j$。

定义 11 ForBalanceList 队列:把 $SS_i < 1$ 的机架存放
在这个队列中,这个队列中的机架能够接受迁移的负载,
按 SS_i 升序对该队列排列。

定义 12 NextForBalanceList 队列:把 $SS_i > 1$ 且 $OS_i <
1$ 的机架存放在此队列中,此队列按 OS_i 的升序进行排
列,这个队列中节点的负载比 ForBalanceList 队列重,但
能在机架内部均衡 over 节点的负载。

定义 13 PriorBalanceList 队列:把 $SS_i > K$ 的机架存

放在这个队列中,这个队列中的节点均为超负载机架,需要优先均衡,这个队列按 SS_i 的降序排列。

7.3.3　超负载机架优先处理策略的主要思想

设定一阈值 K,该值可以根据需要设定,用于确定某机架是否为超负载机架。定义机架的自平衡能力为 $SS_i = L_i/G_i$,为了使机架 i 能够达到均衡,此机架必须迁移的数据量之和为 L_i,G_i 是机架 i 为保持负载均衡还能接受的数据量之和。若 $SS_i \leqslant 1$,说明在负载均衡过程中此机架需要迁移出的数据总量比它能够接受的数据总量小,即此机架在机架内能够完成负载均衡;若 $SS_i > 1$,说明负载均衡过程中此机架需要移动的数据总量比它能够接受的数据总量大,即该机架内不能够完成均衡,必须把部分数据移动到其他机架;若 $SS_i > K$,说明负载均衡过程中此机架内能够接受的数据总量远远小于需要移动的数据总量,即此机架的负载超大,急需均衡。

定义机架 i 的超负载自平衡能力 $OS_i = E_i/G_i$,这个值为机架内 over 节点的待均衡字节数之和与能够接受的数据总量的比值,如果此值小于 1,说明此机架中超负载的节点需要移动的数据总量比此机架能够接受的数据总量少,能够使得本机架中的 over 节点达到均衡,可以作为均衡时接受负载数据的节点。

创建三个队列 PriorBalanceList、ForBalanceList 及 NextForBalanceList,这三个队列分别存放需要优先均衡的超负载机架($SS_i > K$)、自身能够完成负载均衡并且还能接受负载数据的机架（$SS_i<1$）、机架中超负载节点能在本机架内完成均衡的机架（$OS_i<1$）。PriorBalanceList 队列按照降序排列，即负载最大的机架最先处理，其余两个队列按照升序排列，即先选择接受负载能力更强的机架接收迁移数据。

进行负载均衡时，首先在 PriorBalanceList 队列中按序选取一个机架，设为 i，在 ForBalanceList 队列中选取一个机架，设为 j，把 i 均衡后还需移动的数据移动到 j。移动过程中实时计算 E_i 及 SS_j，如果 E_i 等于 0，则机架 i 的超负载节点已经完成均衡，停止 i 与 j 之间的负载均衡；如果 SS_j 大于等于 1，则机架 j 不能再接受均衡数据，否则就会使机架 j 成为负载重机架，j 的数据还需移动到其他机架，势必造成不必要的数据移动，因此当 SS_j 大于等于 1 时即停止向 j 移动数据，选择其他机架继续接受移动数据。

如果 PriorBalanceList 为空，则超负载机架已经全部均衡完。其余机架的均衡按照原 Hadoop 负载均衡算法继续处理即可。如果 ForBalanceList 队列为空，则继续从 NextForBalanceList 队列中选取机架接受均衡数据。

Hadoop 负载均衡算法的原理即把负载重的节点的数据移动到负载轻的节点上，这个过程需要进行多轮，直到各个节点的存储负载的偏差小于阈值，阈值是用户设定的，该算法选择均衡机架时随机选取。本文的改进算法遵从 Hadoop 算法的原理，最主要的改进就是优先处理超负载的机架，先缓解超负载机架，改变了 Hadoop 算法平等对待超负载机架的策略,把随机选取的模式改为优先选择超负载机架。对于已经确认机架内无法实现均衡的超负载机架,按照 Hadoop 算法,仍然先进行机架内均衡,再进行机架间均衡,显然延长了这些机架的均衡时间;本文策略优先处理这些机架,直接进行机架间的均衡,把它的负载首先移动到负载最低的一些机架($SS_i < 1$),其次移动到超负载节点比较少的机架($OS_i < 1$),更快地实现超负载机架的均衡。超负载机架处理结束后,其余机架间的均衡仍然采用 Hadoop 的算法。如果超负载机架过多,则适当调整阈值,即减少超负载机架的数量。Hadoop 的负载均衡算法与本文策略均不关注数据究竟迁移到哪个机架上,只要实现了均衡即可。Hadoop 算法与本文的策略,最终都能将各个机架的负载的偏差控制在阈值内,即实现负载均衡,所不同的只是整个负载均衡过程所用的时间以及超负载机架达到均衡需要的时间。

7.3.4 超负载机架优先处理策略的算法描述

(1)计算每个机架 i 的 L_i、G_i、SS_i、E_i 及 OS_i。

(2)把满足 $SS_i > K$ 的机架加入到队列 PriorBalanceList,此队列存放需要优先均衡的机架,按降序排列此队列。

(3)把满足 $SS_i < 1$ 的机架加入到队列 ForBalanceList,此队列存放不但自身能完成机架内的负载均衡,还能接受迁移数据的机架,按升序排列此队列。

(4)分别从 PriorBalanceList 队列及 ForBalanceList

队列各取一个机架,假设为 j 和 k。对于机架 j,先在其内部完成机架内均衡,然后在机架 j 和 k 间进行负载均衡,直到 E_j 等于 0 或 SS_k 大于等于 1。

(5)计算新的 E_j、SS_k、OS_k 的值,根据它们的值选择以下步骤执行。

①若 $E_j=0$,在 PriorBalanceList 中删除机架 j;

②若 $SS_k \geqslant 1$,在 ForBalanceList 中删除机架 k,若 $OS_k < 1$,把 k 加入到 NextForBalanceList 队列,升序排列此队列;

③若队列 PriorBalanceList 为空,执行第(9)步;

④若队列 ForBalanceList 为空,执行第(6)步;否则执行第(4)步。

(6)分别从 PriorBalanceList 队列和 NextForBalanceList 队列中取一个机架,假设为 j 和 k。对于机架 j,先在机架内进行均衡,然后在机架 j 和 k 之间进行均衡,直到 E_j 等于 0 或 OS_k 大于等于 1。

(7)计算新的 E_j 和 OS_k,根据 E_j 和 OS_k 的值的不同选择以下步骤执行。

①若 $E_j=0$,从队列 PriorBalanceList 删除机架 j;

②若 $OS_k \geqslant 1$,从队列 ForBalanceList 删除机架 k;

③若队列 PriorBalanceList 为空,执行第(9)步;

④若队列 ForBalanceList 为空,执行第(8)步;否则执行第(6)步。

(8)负载超重的机架过多,适当调整阈值 K。

(9)其余过程按照 7.2 节的 Hadoop 算法进行负载

均衡。

7.4　实验分析

　　测试环境如图 7.1 所示,包括机架 A、机架 B、机架 C 三个机架;机架 A 中配置三个节点 A_1、A_2、A_3,机架 B 配置 B_1、B_2、B_3 三个节点,机架 C 配置 C_1、C_2 两个节点。设置 HDFS 文件块的大小为 10 M。实验中各节点的配置如下:Ubuntu 10.04 操作系统、2 G 的内存、CPU 为 1.3 GHz。

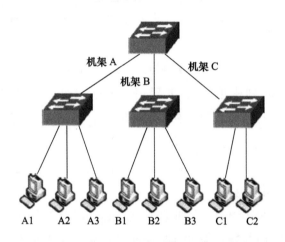

图 7.1　优先处理超负载机架的实验拓扑图

　　实验中对本文算法及 Hadoop 算法进行比较,下文只列举其中的 2 组实验数据。表 7.1 统计了这 8 个节点的初始数据存储量,其中包括总空间大小、已使用空间的大小及空间使用率。

表 7.1　节点的初始数据存储率

节点编号	空间大小(GB)	均衡前	
		已使用的空间(GB)	空间使用率(%)
A1	1.0	1.0	100
A2	2.0	1.4	70
A3	2.0	1.6	80
B1	3.0	2.0	66.7
B2	3.0	1.0	33.3
B3	4.0	3.0	75
C1	3.0	1.5	50
C2	4.0	2.0	50

　　实验结果如图 7.2、图 7.3 所示,横坐标表示节点编号,纵坐标表示空间使用率。实线表示均衡前的各节点的空间使用率,点虚线表示 Hadoop 算法均衡后的各节点的空间使用率,短虚线表示本文算法均衡后的各节点的空间使用率。图 7.2 的 threshold 的值为 10%,图 7.3 的 threshold 的值为 15%,K 值均为 5。

　　初始时机架 A 中 A_1、A_2、A_3 三个节点均处于超负载状态,这个机架的负载最大;机架 B 中的 B_3 节点为超负载节点;机架 C 的所有节点的负载都很低。图 7.2 中,均衡后本文算法比 Hadoop 算法使得数据分布更均衡。Hadoop 算法的均衡用时 7.56 分钟,本文算法用时 6.96 分钟。A 是超负载机架,Hadoop 算法在最终均衡结束时才使机架 A 的均衡结束,而本文算法用时 2.05 分钟即完成机架 A 的均衡。

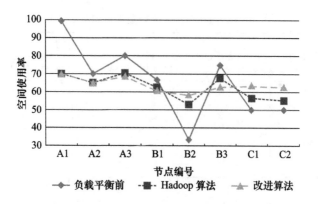

图 7.2 threshold 的值为 10% 的空间使用率比较

图 7.3 中，Hadoop 算法在 5.86 分钟完成负载均衡，本文算法在 6.01 分钟完成均衡，虽然本文算法用时比 Hadoop 算法稍多一些，但本文算法使得超负载机架 A 更快地完成了均衡。

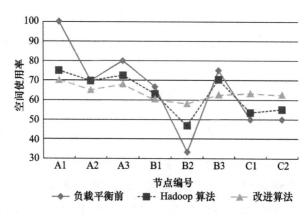

图 7.3 threshold 的值为 15% 的空间使用率比较

根据大量的实验得出以下结论：从均衡时间方面比较，由于采用不同的计算和移动策略，一些情况下本文算法用的时间短,一些情况下 Hadoop 算法用的时间短,但本文算法能优先处理超负载机架,使得超负载机架更快地进行均衡,而且本文算法使得各节点的均衡性优于 Hadoop 算法。

7.5 本章小结

云计算技术的应用促进了互联网的发展,云数据存储技术解决了云计算中的数据存储的相关问题。云计算及云存储领域的一个重要的研究领域就是数据存储负载均衡的问题。Hadoop 作为一个基础的云计算平台,由于其开源性,目前深受各大公司的青睐。由于互联网的广泛应用,由此产生了海量数据,这些海量数据需要存储和处理,使用 Hadoop 技术,用户能够使用集群中的各节点轻松地存储这些海量数据。HDFS 是 Hadoop 中的分布式文件系统,解决了数据存储各方面的问题。Balancer 程序是 Hadoop 解决负载均衡的程序。本章首先对以上问题进行了研究及论述,然后主要对 Hadoop 的数据负载均衡算法进行了重点研究。

Hadoop 负载均衡算法的一个问题是负载均衡首先在机架内进行,因此对于负载超大的机架不能及时处理,针对该问题本文提出了优化策略。优化算法中定义了阈值 K,根据 K 的值可以判定哪些机架属于超负载机架,对于超负载的机架优先处理,阈值 K 的参数值可以根据需要进行调整。定义了 PriorBalanceList 队列、ForBalanceList

队列及 NextForBalanceList 队列,这三个队列分别为急需均衡的机架队列、负载低的机架队列以及能够在机架内完成超负载节点均衡的机架队列。在 ForBalanceList、NextForBalanceList 队列与 PriorBalanceList 队列中的节点间进行负载均衡。最后通过大量的实验验证,优化策略的确比原 Hadoop 算法能够更快地处理超负载机架,使得超负载机架优先得到处理从而达到负载均衡。

Hadoop 的数据存储负载均衡算法的第二个问题是在数据均衡时,总是从队列顺次选取节点,这样势必会造成队列后部的负载重的节点延迟处理。本章针对该问题提出了优化策略,对负载重的节点优先处理。对于待均衡的队列,将负载重的节点排在队列前面,即按未使用空间由小到大排列;对于接受均衡数据的队列,将负载轻的节点排在前面,即按未使用空间由大到小排列,在负载均衡过程中分别从这些队列顺次选取节点。最后通过实验验证,证明了本文的优化策略负载均衡所用时间确实比原 Hadoop 算法所用时间更短。

第 8 章
数据存储负载均衡策略——
Hadoop 的队列排序
优化策略

本章在上一章对 Hadoop、HDFS 及其均衡器(Balancer)程序的研究基础上,提出了队列排序策略解决负载均衡的优化策略。排序策略对链表进行合理的排序,优先处理负载大的机架,使得选取均衡机架时更加合理。

8.1 Hadoop 的 Balancer 负载均衡算法的思想及问题

Hadoop 数据存储负载均衡算法的详细描述见 7.2.2。

Hadoop 负载均衡算法中待均衡的节点构成一队列,假设负载超重的节点排在队列的尾部,选择节点时的策略是在队列中顺序选取节点,将造成负载重的节点最后才能被选中,就会造成这些负载重的节点的负载均衡时间更长。如果还没轮到对这些节点进行均衡,能够均衡的空间使用完,将更影响这些负载超重的节点。

8.2 队列排序的优化策略

8.2.1 相关定义

相关定义同 7.3.2。

8.2.2 队列排序优化策略的主要思想

(1)对四个队列进行排序,排序的时候不是按照空间使用率排序,而是按照未使用空间排序,即按照未使用空间大小选择节点。假设两个节点 M、N,M 的总空间为 1 000,N 的总空间为 100,此时 N 的总空间量远小于M。M 的空间使用率为 50%,N 的空间使用率为 30%,M的空间使用率大于 N,如果按照空间使用率排序,将选取N 作为接收均衡数据的节点。此时 M 的可用空间为 500,N 的可用空间为 70,M 的可用空间比 N 大,当存放 50 的数据量时,M 的空间使用率增加不多,但 N 的空间使用率将达到 80%。显然选择空间使用率低的 N 节点接收负载将造成节点 N 的负载超重。

(2)对队列 over 及 above 按由小到大的顺序排列,即把未使用空间剩余少的机架排在队列的前面,这些机架能够先被选择进行均衡。

(3)对队列 below、under 按由大到小的顺序排列,即把未使用空间剩余多的机架排在队列的前面,这些机架先被选择接受均衡数据。

8.2.3 队列排序优化策略的算法描述

（1）计算节点 i 的空间利用率 p_i：$p_i = u_i/t_i$。其中，u_i 是节点 i 的已使用空间，t_i 是节点 i 的总空间。

（2）计算所有节点的平均空间利用率 m：$m = Aui/Ati$。其中，Aui 是所有节点的已使用总空间，Ati 是所有节点的总空间。

（3）建立四个链表。对于节点 x，假设其空间使用率为 p。

• belowAvgUtilizedDatanodes（以下简称 below）链表

如果节点 x 满足 $m - threshold \leqslant p < m$，则把节点 x 加入到 below 链表。

• underUtilizedDatanodes（以下简称 under）链表

如果节点 x 满足 $p < m - threshold$，则把节点 x 加入到 under 链表。

• aboveAvgUtilizedDatanodes（以下简称 above）链表

如果节点 x 满足 $m < p \leqslant m + threshold$，则把节点 x 加入到 above 链表。

• overUtilizedDatanodes（以下简称 over）链表

如果节点 x 满足 $p > m + threshold$，则把节点 x 加入到 over 链表。

在这四个公式中的 threshold 为一阈值，它的值由用户设定，用于调整各个链表中节点的空间使用率与平均空间使用率的偏差。

节点的未使用空间作为排序的依据,队列 over、above 中的节点按由小到大顺序排序;队列 below、under 中的节点按由大到小顺序排序。

(4)均衡策略是先在机架内进行平衡,再在机架间平衡。

(5)机架间和机架内的负载均衡的顺序为:

①分别在 over 和 under 队列中按顺序选取一个节点,设定为 Source、Target。把 Source 节点的负载均衡迁移到 Target 节点。

②在 over 和 below 中按顺序分别选取一个节点,设定为 Source、Target。把 Source 节点的负载均衡迁移到 Target 节点。

③在 above 和 under 中按顺序分别选取一个节点,设定为 Source、Target。把 Source 节点的负载均衡迁移到 Target 节点。

④在 above 和 below 中按顺序分别选取一个节点,设定为 Source、Target。把 Source 节点的负载均衡迁移到 Target 节点。

(6)其余步骤同 Hadoop 负载均衡算法。

8.3 实验分析

测试环境见图 6.2,由 3 个机架组成:机架 1、机架 2、机架 3。机架 1 里有 1 个节点 A,机架 2 中有 3 个节点 B_1、B_2、B_3,机架 3 中有 2 个节点 C_1、C_2。节点的配置与上一节的实验相同。

把节点 A 作为客户端,在其上存储 1.2 G 数据。数据放置的最终结果为:节点 A 上存储一个副本,它的空间使用率为 66.67％,其余 5 个节点存放另外两个副本,它们的空间使用率分别是 35％、30％、23％、10％、6.7％,如表 8.1 所示。很明显这些节点的存储不均衡。

表 8.1 节点的初始数据存储率(存储 1.2 G 数据)

节点编号	总空间大小(GB)	均衡前	
		已使用空间(GB)	空间利用率(％)
A1	1.8	1.2	66.67
B1	2.0	0.7	35
B2	2.0	0.6	30
B3	3.0	0.7	23
C1	2.0	0.2	10
C2	3.0	0.2	6.7

均衡后,两个算法的实验数据如图 8.1 所示,其中横坐标表示节点编号,纵坐标表示空间使用率。从空间使用率方面比较两个算法,它们的结果基本是一致的;从算法用时方面比较两个算法,Hadoop 算法为 4.02 min,本文算法为 3.07 min;从负载均衡算法执行的轮次比较,Hadoop 算法共进行了 7 轮均衡,本文算法共进行了 4 轮均衡。很明显本文算法用时更短、算法执行均衡的轮次更少。

从节点 A 上存储 1.7 G 数据,各节点总空间、已用空间、空间使用率如表 8.2 所示。节点 A 上存储第一个副本,节点 A 的空间使用率为 94.44％,其余两个副本分别

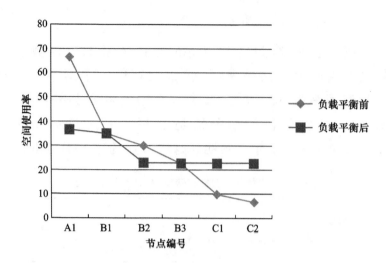

图 8.1　队列排序优化的空间存储率(存储 1. 2 G 数据)

存储在其他节点上,它们的存储率分别为 45％、45％、33.33％、15％、10％,这些节点的存储不均衡。

表 8.2　节点的初始数据存储率(存储 1. 7 G 数据)

节点编号	总空间(GB)	平衡前	
		已用空间(GB)	空间利用率(％)
A1	1.8	1.7	94.44
B1	2.0	0.9	45
B2	2.0	0.9	45
B3	3.0	1	33.33
C1	2.0	0.3	15
C2	3.0	0.3	10

从空间使用率比较,本文算法均衡后各节点的空间利用率分别为 50％、40％、37.5％、36.67％、32％、33.7％,Ha-

云计算的负载均衡机制研究

doop算法均衡后各节点的空间使用率为 50％、37.5％、37.5％、36.67％、32％、32％；从算法所用时间比较,本文算法为 4.49 min,Hadoop 算法为 8.71 min；从均衡算法执行的轮次比较,本文算法共进行 6 轮均衡,Hadoop 算法共经过 15 轮均衡算法后结束；结果如图 8.2 所示。存储 1.7 G 数据与存储 1.2 G 数据的结论一致。

通过实验可以得出结论,在绝大多数情况下,优化策略确实能够在较短的时间内完成负载均衡。

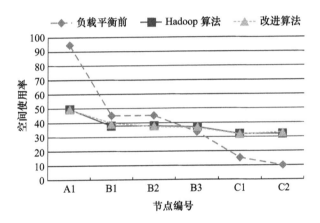

图 8.2　队列排序优化的空间存储率(存储 1.7 G 数据)

8.4　本章小结

Hadoop 的数据存储负载均衡算法存在的一个问题是在数据均衡时,总是从队列顺次选取节点,这样势必会造成队列后部的负载重的节点延迟处理。本章针对该问题提出了优化策略,对负载重的节点优先处理。对于待均衡的队列,将负载重的节点排在队列前面,即按未使用空间由小到大排列;对于接受均衡数据的队列,将负载轻的节点排在前面,即按未使用空间由大到小排列,在负载均衡过程中分别从这些队列顺次选取节点。最后通过实验验证,证明了本文的优化策略负载均衡所用时间确实比原Hadoop 算法所用时间更短。

第9章
总结与展望

9.1 总结

随着互联网技术的飞速发展,使用互联网的人群数量不断增长、人员构成更加多样,用户的需求越来越复杂,互联网上的各种应用需求对服务器的要求越来越高,这些复杂的应用已经不适用再采用传统的单个服务器的模式,需要多个服务器协同工作。伴随着这些需求的提出及技术的进步,云计算应运而生。云计算技术是目前企业、学术界及各大院校研究的热点技术之一。在云计算研究领域有很多研究方向,其中比较重要的一个研究方向即为负载均衡的问题。

云数据中心中通常包括成千上万台服务器,这些服务器节点间异构性很强、分布不均匀,资源的存储及调度由众多服务器协同完成,用户对服务器的访问是随机的、多样化的、复杂的。由于这些因素的存在,很容易造成一些服务器节点处于空闲状态,而另一些服务器节点却处于超载饱和状态,即服务器节点的负载不均衡,服务器节点的负载既包括数据存储的负载,也包括资源调度的负载。显然这种不均衡现象的存在将造成云资源的浪费,增加网络的负担,影响用户的使用。因此,必须解决云计算中的负载均衡问题。一个适合的负载均衡策略可以实现资源优化配置、更灵活地管理云数据中心的资源,从而提高云资源的利用率,降低使用成本,提升用户的满足感。本文围绕云计算的负载均衡问题,主要进行了以下工作:

(1)研究了云数据存储的负载均衡算法,重点研究了Hadoop 的数据存储负载均衡算法。Hadoop 数据存储负载均衡算法的每次均衡过程首先在机架内进行,然后在机架间进行,这样的均衡策略对于负载超重、机架内无法完成均衡的机架来说,延迟了均衡的时间、浪费了不必要的数据迁移、影响网络性能,而且有可能造成负载超重机架的瘫痪,本文对此提出了优化策略。优化策略中设定阈值 K,负载值超过阈值 K 的机架为负载超重的机架,应优先均衡这些机架。文中创建三个队列 ForBalanceList、PriorBalanceList 及 NextForBalanceList,PriorBalanceList 队列按照负载值降序排列,其中存放负载超重的机架;ForBalanceList 队列中存放不仅自身能完成均衡还能再接收均衡数据的机架,即负载比较轻的机架,按负载值升序排列;NextForBalanceList 队列中存放能在机架内完成超负载节点均衡的机架,按负载值升序排列。优化策略首先把 Pri-

orBalanceList 队列中的负载均衡到 ForBalanceList 及
NextForBalanceList 队列中,其余按照原算法进行。优化
策略能够保证超负载机架的优先处理,同时避免了超负载
机架内进行不必要的数据迁移。

(2)Hadoop 的数据存储负载均衡算法在负载均衡
时,选择节点的策略是从队列顺次选取,如果负载大的
节点排在队列的后面,这些节点就会在最后才被选择
进行负载均衡,将延迟这些节点的均衡时间。本文对
这个问题进行了相应的优化,从而实现了超负载节点
的优先处理。

(3)目前很多关于数据存储的负载均衡算法,在做均
衡时单单考虑存储空间一个因素。现实情况是存储空间
用得多的服务器相对负载未必大,例如若某个服务器的配
置很高,即使存储的数据比较多,与存储数据少的配置
低的服务器相比,它的速度可能更快;再如某服务器存
储的数据不是很多,但其中有热点数据,访问的用户比
较多,也会造成这个服务器负载重。通过这两个例子
发现在讨论数据存储负载均衡问题时不能单纯只考虑
存储空间一个因素。本文提出了一种基于多目标优化
的数据负载均衡模型,该模型综合文件访问热度、文件
访问时间、文件大小、CPU 利用率、带宽、内存大小及存
储空间等诸多因素确定负载值,根据综合负载值进行
负载均衡。

(4)针对云资源调度的负载均衡问题,本文提出了基
于虚拟机迁移的负载均衡策略。该策略设计了一个完整

的负载均衡框架,并详细对框架的各个模块进行了描述。在启动虚拟机迁移时,很多算法是当负载值超过阈值即启动虚拟机迁移,但其实负载存在着一过性峰值问题,如果这个时候启动迁移,就会造成不必要的迁移。本文使用一次平滑指数算法进行负载预测,如果未来预测值有 m 个值均超过阈值再启动虚拟机迁移,从而避免了不必要的迁移。本文提出的策略在虚拟机迁移源机及迁移目标机选择时综合 CPU 利用率、内存利用率、带宽利用率等各因素确定负载值,这个负载值更能综合判断负载。综合这些因素时就涉及多因素值的权值问题,即各个因素占的比重的问题。目前很多算法在计算权值时采用人为确定比例的方式,造成权值的主观性太强及负载值的不准确。本文提出了利用信息熵确定各个因素的权值,对于差异大的因素分配更大的权值,差异小的因素分配小的权值,权值的分配更加合理,从而更客观地计算负载值。

(5)本文提出了基于动态副本技术的负载均衡策略。副本技术不仅能够解决数据失效的问题、保证数据冗余,同时副本的增加或减少也能解决服务器的负载均衡的问题。本文中,实时评价服务器节点上的文件的负载,综合文件访问热度、机架可用空间、机架通信带宽、副本一致性维护代价等因素,动态调整副本的数量并根据综合评价值确定副本的位置。为了优化服务器节点的存储空间及资源维护成本,对于长时间不被访问或者访问频率低的副本进行删除,删除副本时根据删除代价选择删除的副本。

9.2　进一步工作

近几年,云计算负载均衡问题一直是众多研究者研究的一个热点问题,本人将在本文研究的基础上对云计算负载均衡的问题进行进一步的改进和完善,使得本文提出的模型、策略、算法更加完善。进一步的工作设想如下:

(1)本文在第3章提出了关于Hadoop数据存储负载均衡算法的优化策略,针对该策略进行实验测试时所使用的实验环境及实验数据存在一定的局限性。实验环境只是选用实验室的多个服务器、计算机搭建了小型的"云"系统,显然这样的"云"环境与真实的"云"存在着差距,节点的异构性不强。下一步继续优化该策略,使其适应更通用的环境。

(2)本文在第4章提出的数据存储的负载均衡模型中,确定服务器节点的CPU利用率、内存因素的值时由管理员进行评分,这样的评分机制虽然能在一定程度上反映出各个服务器节点配置的差异,但显然利用评分的方式存在一定的误差。下一步将研究提出更准确的评价机制,从而能够更准确地计算负载值。

(3)本文在第5章提出的基于虚拟机迁移的解决云资源调度负载均衡的策略,并没有考虑虚拟机迁移过程中产生的成本问题。如果迁移消耗的成本大于迁移带来的效益,显然这样的迁移不应该触发。下一步将把迁移成本计算到虚拟机迁移策略中,综合迁移成本及收益从而确定是否触发虚拟机迁移。

（4）本文在第 6 章提出了基于动态副本的负载均衡策略，算法中对于副本一致性维护的成本仅考虑距离一个因素，其实在进行副本维护时有众多其他因素需要考虑，例如副本大小、更新频率等。下一步要把这些因素加入到副本一致性维护成本的计算中。

参 考 文 献

[1] 林伟伟,刘波.基于动态带宽分配的 Hadoop 数据负载均衡方法[J].华南理工大学学报(自然科学版),2012,9(40):42-47.

[2] 吴和生.云计算环境中多核多进程负载均衡技术的研究与应用[D].南京:南京大学,2013.

[3] Armbrust M,Fox A,Grith R,et al. Above the clouds:A Berkeley View of Cloud Computing[R]. UCB/EECS-2009-28. Berkeley, USA:Electrical Engineering and Computer Sciences, University of California at Berkeley,2009.

[4] Vaquero L,Rodero-Marino L,Caceres J,et al. A break in the clouds:towards a cloud definition[J]. SIGCOMM Computer Communication Review,2009,39(1):50-55.

[5] 云计算技术国内外发展现状[EB/OL]. http://www.360doc. com/content/14/0715/21/15313934_39464 7151. shtml.

[6] 国内外云计算的现状及发展趋势[EB/OL]. http:// wenku. baidu. com/link? url=EoE5tsHm9Eu5k02X W4A56hrPFzNmgDz4NESayrCE_gwG-hZD5WvMj DkP9L0zvrEcKDspISYRg-Rnwz14rQZq-f5XXup2lT FdIQlsVJkb7c3.

[7] Iyer B,et al. Providing Database as a Service[C]. In-

ternational Conference on Data Engineering, Washington: IEEE, March 2002.

[8] 徐化祥, 陈霖, 等. 云存储: 系统实例与研究现状[C]. The 2011 Asia-Pacific Youth Conference of Youth Communication and Technology, 185-189.

[9] Amazon simple storage service (Amazon S3) [EB/ OL]. http://aws. amazon. com/s3, 2009.

[10] Amazon elastic block storage (Amazon EBS) [EB/ OL]. http://aws. amazon. com/ebs/, 2010.

[11] Kelly Sims. IBM Introduces Ready-to-Use Cloud Computing [EB/OL]. http://www-03. ibm. com/ press/us/en/pressrelease/22613. wss, 2007.

[12] Clark C, Fraser K, Hansen J G, et al. Live migration of virtual machines [C]. Proc of the 2nd Symp. On Networked Systems Design and Implementation Berkeley: USENLX Association, 2005: 273-286.

[13] Naoya Hatakeyama. Atmos [M]. Berlin: Nazraeli Press, 2003.

[14] Microsofy. Skydrive [EB/OL]. http://skydrive. live. com.

[15] Liu Peng, et al. MassCloud Cloud Storage System [J/OL]. http://www. chinacloud. cn/show. aspx? id=3036&cid=50.

[16] 刘世贤. 数据分区架构下负载均衡技术的研究与应用[D]. 杭州: 浙江大学, 2010.

[17] 李振宇,谢高岗. 基于 DHT 的 P2P 系统的负载均衡算法[J]. 计算机研究与发展,2006,43(9):1579-1585.

[18] Byers J,Considine H,Mitzenmacher M. Simple Load Balancing for Distributed Hash Tables [C]. Proc of IPTPS' 03. Berlin, Germany: Springer-Verlag, 2003: 80-87.

[19] 田浪军,陈卫卫,等. 云存储系统中动态负载均衡算法研究[J]. 计算机工程,2013,10(39):19-23.

[20] Seltzer L J. Distributed,Secure Load Balancing with Skew, Heterogeneity, and Churn [C]. Proc of the 24 th Annual Joint Conference of the IEEE Computer and Communications Societies. Washington D C, USA:IEEE Computer Society,2005:1419-1430.

[21] 熊伟,谢冬青,等. 一种结构化 P2P 协议中的自适应负载均衡方法[J]. 软件学报,2009,20(3):660-670.

[22] 孟宪福,陈晓令. 结构化 P2P 网络热点负载动态迁移策略[J]. 电子学报,2011,39(10):2407-2411.

[23] 陈晨. 结构化对等网络中访问热点引起的负载均衡技术研究[D]. 北京:北京交通大学,2008.

[24] Datta A,Schmidt R,Aberer K. Query-load Balancing in Structured Overlays[C]. Proc of the 7th IEEE International Symposium on Cluster Computing and the Grid. [S. l]:IEEE Press,2007:453-460.

[25] 周健,洪佩琳,李津生. DHT 网络中一种基于树形结构的负载均衡方案[J]. 小型计算机系统,2006,27(11):2042-2046.

[26] ZHANG C,YIN J. Dynamic load balancing algorithm of distributed file system[J]. Journal of Chinese Computer Systems,2011,32(7):1424-1426.

[27] 董继光. 基于动态副本技术的云存储负载均衡研究[J]. 计算机应用研究,2012,29(9):3422-3424.

[28] 周敬利,周正达. 改进的云存储系统数据分布策略[J]. 计算机应用,2012,32(2):309-312.

[29] 于传涛,蔡勇. 基于网格计算的混合负载均衡策略[J]. 计算机工程与设计,2007,28(16):3925-3927.

[30] 陈德军,高晓军,王义军. 基于 AHP 的云存储负载均衡研究[J]. 计算机工程与应用,2015,51(7):56-60.

[31] 郑凯,朱林,陈优广. 基于 Kademlia 的负载平衡云存储算法[J]. 计算机应用,2015,35(3):643-647.

[32] Load Balancing Computing[EB/OL]. http://en. wikipedia. org/wiki/Load_balaneing_%28eomputing%29.

[33] 刘振英,方滨兴,等. 一种有效的动态负载平衡方法[J]. 软件学报,2001,12(4):563-569.

[34] 刘丽景,程国建,吴文海. 多智能体遗传算法在云计算负载均衡中的应用[C]. 第十二届中国青年信息与管理学者大会论文集,2010.

[35] 董雨果,汪胜果,郭云飞,等. 带输入队列并行交换

的负载平衡分析[J].软件学报,2007,18(2):229-235.

[36] Zehua Zhang,Xuejie Zhang. A Load Balancing Mechanism Based on Ant Colony and Complex Network Theory in Open Cloud Computing Federation[C]. 2nd International Conference on Industrial Mechatronics and Automation,2010:240-243.

[37] Sunil Nakrani,Craig Tovey. On Honey Bees and Dynamic Server Allocation in Internet Hosting Centers [C]. Adaptive Behavior 12,2004:223-240.

[38] O Abu-Rahmeh,P Johnson,A Taleb-Bendiab. A Dynamic Biased Random Sampling Scheme for Scalable and Reliable Grid Networks[C]. INFOCOMP-Journal of Computer Science,2008:01-10.

[39] 张维勇,张华忠,柳楠.基于遗传算法的服务器端负载均衡系统设计[J].计算机工程,2005,31(20):121-123.

[40] 李乔,郑啸.云计算研究现状综述[J].计算机科学,2011,38(4):32-37.

[41] 刘鹏.云计算[M].北京:电子工业出版社,2011.

[42] Hazelhurst S. Scientific Computing Using Virtual High performance Computing:A Case Study Using the Amazon Elastic Computing Cloud[C]. Proceedings of the 2008 Annual Research Conference of the South African Institute of Computer

Scientists and Information Technologists on IT Research in Developing Countries:riding the wave of technology. Wilderness,South Africa,2008:94-103.

[43] Google Docs[EB/OL]. http://docs. google. com/.

[44] Salesforce. com[EB/OL]. http://www. force. com/.

[45] Google app engine[EB/OL]. http://appengine. google. com.

[46] Microsoft azure[EB/OL]. http://www. microsoft. com/azure/.

[47] Amazon Web Services[EB/OL]. http://aws. amazon. com/.

[48] Zhou Ke,Wang Hua,Li Chunhua. Cloud Storage Technology and Its Application[J]. ZTE COMMUNICATIONS,2010,16(4):24-27.

[49] Sanjay Ghemawat,Howard Gobioff,Shun-Tak Leung. The Google File System[C]. Proceedings of 19th ACM Symposium on Operating Systems Principles,2003:20-43.

[50] Tom White. Hadoop:The Definitive Guide[M]. United States of America: O'Reilly Media, Inc, 2009.

[51] Jeffrey Dean,Sanjay Ghemawat. MapReduce:Simplied data processing on large clusters[C]. Proceedings of the 6th Symposium on Operating Sys-

tem Design and Implementation. New York：ACM
Press. 2004：137-150.

[52] Fay Chang，Jeffrey Dean，et al. Bigtable：A Distrib-
uted Storage System for Structured Data[J]. ACM
Transactions on Computer Systems，2008，26（2）：
1-26.

[53] Caibinbupt. Hadoop 源代码分析[EB/OL].（2013-
01-29）［2015-8-25］. http：//caibinbupt. javaeye.
com/blog/318949.

[54] 谭乾. 云计算环境下负载均衡策略的研究[D]. 厦
门：厦门大学,2014.

[55] Tan T,Kiddle C. An assessment of eucalyptus ver-
sion 1. 4[C]. Technical Report 2009-928-07，De-
partment of Computer Science，University of Cal-
gary,2009.

[56] 田文洪,赵勇. 云计算——资源调度管理[M]. 北
京：国防工业出版社,2011.

[57] 李坤,王百杰. 服务器集群负载均衡技术研究及算
法比较[J].计算机与现代化,2009,8:7-10.

[58] 郑洪源,周良,吴家祺.Web 服务器集群系统中负载
平衡的设计与实现[J].南京航空航天大学学报,
2006,38(3):374-351.

[59] Wood T,Shenoy P,Venkataramani A,et al. Black-
box and gray-box strategies for virtual machine mi-
gration[C]. Proceedings of the 4th USENIX con-

ference on Networked systems design & implementation. 2007:17-17.

[60] 田文洪,卢国明.一种实现云数据中心资源负载均衡调度算法[P].PCT/CN20101078247,2010.

[61] 马慧,陶少华.基于服务类型的负载平衡中间件模型[J].计算机工程,2010,36(12):277-279.

[62] Martin Randies, A. Taleb-Bendiab and David Lamb, Scalable Self-Governance Using Service Communities as Ambients[C]. Proceedings of the IFEE Workshop on Software and Services Maintenance and Management (SSMM 2009) within the 4th IEEE Congress on Services, IEEE SERVICES-I 2009, Los Angeles,CA.

[63] RBonomi P J, Fleming P Steinberg. An adaptive join-the-biased-queue rule for load sharing on distributed computer system[C]. Proceedings of the 28th Conference On Decision and Control,Tampa, Fla,Dec,1989:2554-2559.

[64] 张少辉.基于 BP 算法的动态负载平衡预测[D].河南:河南大学,2009.

[65] 易辉.基于模拟退火遗传算法的网络负载平衡算法研究[D].武汉:武汉理工大学,2006.

[66] 刘振英,方滨兴,胡铭曾,等.一个有效的动态负载平衡方法[J].软件学报,2001,12(04):563-569.

[67] 李冬梅,施海虎.负载平衡调度问题的一般模型研

究[J].计算机工程与应用,2007,43(8):121-125.

[68] Daniel Nurmi,Chris Grzegorczyk. The Eucalyptus Open-source Cloud-computing System[C]. Cluster Computing and Grid,2009. CCGRID' 09,2009,12: 124-131.

[69] Ms Nitika,Ms Shaveta,Mr Gaurav Raj. Comparative Analysis of Load Balancing Algorithms in Cloud Computing[J]. International Journal of Advanced Research in Computer Engineering & Technology,2012,1 (3): 34-38.

[70] 朱世平.动态负载平衡算法设计的新途径[J].计算机工程设计,1994,16(3)6:25-30.

[71] John Croweroft. Open distributed system[M]. London UK:UCLPress,1995:323.

[72] Iran Barazandeh,Seyed Saeedolah. Two Hierarchical Dynamic Load Balancing Algorithms In Distributed Systems[C]. Second International Conference Computer and Electrical Engineering, 2009: 516-521.

[73] Clark C,Fraser K,Hand S,et al. Live migration of virtual machines[C]. Proceedings of the 2nd conference on Symposium on Networked Systems Design & Implementation-Volume 2. USENIX Association,2005:273-286.

[74] Kikuchi S,Matsumoto Y. Performance Modeling of

Concurrent Live Migration Operations in Cloud Computing Systems Using PRISM Probabilistic Model Checker[C]. Proceedings of the IEEE 4th International Conference on Cloud Computing. Washington DC,USA:IEEE Press,4-9 July,2011: 49-56.

[75] Constantine P,Sapuntzakis,et al. Optimizing the Migration of Virtual Computers[C]. Proceedings of the 5th Symposium on Operating System Design and Implementation (OSDF02). Boston, USA: MA,December 9-11,2002:377-390.

[76] Osman S,Subhraveti D,Su G,et al. The design and implementation of Zap:A system for migrating computing environments[C]. Proceedings of the 5th symposium on Operating systems design and implementation. New York, USA:ACM Press, 2002:361-376.

[77] 赵佳.虚拟机动态迁移的关键问题研究[D].吉林: 吉林大学,2013.

[78] Bradford R,Kotsovinos E,Feldmann A,et al. Live Wide-Area Migration of Virtual Machines Including Local Persistent State[C]. Proceedings of the 3th ACM Press,2007:169-179.

[79] Travostino F,Daspit P,et al. Seamless Live Migration of Virtual Machines Over the MAN/WAN

[J]. Future Generations Computer Systems, October, 2006, 22(8):901-907.

[80] Paul Ruth, Junghwan Rhee, Dongyan Xu, et al. Autonomic Live Adaptation of Virtual Computational Environments in a Multi-domain Infrastructure[C]. Proceedings of IEEE International Conference on Autonomic Computing (ICAC'06), Dublin, Ireland: IEEE Press, June 13-16, 2006:5-14.

[81] Ananth I Sundararaj, Peter A. Dinda. Towards Virtual Networks for Virtual Machine Grid Computing[C]. Proceedings of the 3rd Virtual Machine Research and Technology Symposium (VM'04). San Jose, USA: ACM Press, May 6-7, 2004: 177-190.

[82] Ming Zhao, Jian Zhang, Renato Figueiredo. Distributed File System Support for Virtual Machines in Grid Computing[C]. Proceedings of the 13th IEEE International Symposium on High Performance Distributed Computing, Honolulu, USA: IEEE Press, 2004:202-211.

[83] Jones S, Arpaci-Dusseau A, Arpaci-Dusseau R. Antfarm: Tracking Processes in a virtual Machine Environment[C]. Proceedings of the annual conference on USENIX'06 Annual Technical Conference. Berkeley, USA: ACM Press, 2006:1-14.

[84] Yangyang Wu,Ming Zhao. Performance Modeling of Virtual Machine Live Migration[C]. Proceedings of 2011 IEEE 4th International Conference on Cloud Computing (CLOUD). Washington DC, USA:IEEE Press,July 4-9,2011,492-499.

[85] 施杨斌.云计算环境下一种基于虚拟机动态迁移的负载均衡算法[D].上海:复旦大学,2011.

[86] Sotomayor B,Keahey K,Foster I. Combining Batch Execution and Leasing Using Virtual Machines [C]. Proceedings of the 17th international symposium on High Performance Distributed Computing (HPDC'08),New York,USA:ACM Press,June 23-27,2008,87-96.

[87] 刘鹏程,陈榕.面向云计算的虚拟机动态迁移框架[J].计算工程,2010,36(5):37-39.

[88] 李冰.云计算环境下动态资源管理关键技术研究[D].北京:北京邮电大学,2012.

[89] Borthakur D. The Hadoop distributed file system:Architecture and design[EB/OL]. http://hadoop.apache.org/docs/r1.2.1/.

[90] Ghemawat S,Gogioff H,Leung P T. The Google file system [C]. Proceedings of the 19th ACM Symp on Operating Systems Principles. New York:ACM,2003:29-43.

[91] Amazon. Amazon simple storage service(AmazonS3)

[EB/OL]. [2014-04-09]. http://aws. amazon. com/ s3.

[92] Lewn D. Consistent hashing and random trees: Algorithms for caching in distributed networks[D]. Cambridge, Massachusetts: Massachusetts Institute of Technology, Department of Electrical Engineering and Computer science, 1998.

[93] Ranganathan K, Foster I. Design and evaluation of replication strategies for a high performance data grid[C]. Proc of Computing and High Energy and Nuclear Physics 2011 (CHEP'01) Conference, 2001.

[94] Yuan D, Yang Y, Liu X, et al. A data placement strategy in scientific cloud workflows[J]. Future Generation Computer Systems. 2010, 26(8): 1200-1214.

[95] 郑湃, 崔立真, 王海洋, 等. 云计算环境下面向数据密集型应用的数据布局策略与方法[J]. 计算机学报, 2010, 33(8): 1472-1480.

[96] 赵武清, 许先斌, 王卓薇. 数据网格系统中基于负载均衡的副本放置策略[C]. The 2010 Third International Conference on Education Technology and Training. 中国, 湖北, 武汉, IEEE, 2010: 314-316.

[97] 石刘, 郭明阳, 刘浏, 等. 基于反馈机制的动态副本数量预测方法[J]. 系统仿真学报, 2011(S1), 193-

200.

[98]　祝家钰,肖丹.云计算架构下的动态副本管理策略[J].计算机工程与设计,2012(9),3362-3367.

[99]　徐婧.云存储环境下副本策略研究[D].合肥:中国科学技术大学,2011.

[100]　Seneff S. Real-time harmonic pitch detector[J]. IEEE Trans on Acoustics,Speech and Signal Processing,1978,ASSP-26(4):358-365.

[101]　冷学健.基于分布式存储的负载均衡的设计与实现[D].黑龙江,哈尔滨工程大学,2012.

[102]　程春玲,张登银,等.一种面向云计算的分态式自适应负载均衡策略[J].南京邮电大学学报(自然科学版),2012,4(32).

[103]　熊安萍,刘进进,邹洋.基于对象存储的负载均衡存储策略[J].计算机工程与设计,2012,7(33).

[104]　陈德军,等.基于 AHP 的云存储负载均衡研究[J].计算机工程与应用,2015,(7):56-60.

[105]　田浪军,陈卫卫,陈卫东,等.云存储系统中动态负载均衡算法研究[J].计算机工程,2013(10):19-23.

[106]　邓维,刘方明,金海,等.云计算数据中心的新能源应用:研究现状与趋势[J].计算机学报,2013,36(3):582-598.

[107]　叶可江,吴朝晖,姜晓红,等.虚拟化云计算平台的能耗管理[J].计算机学报,2012,35(6):1262-

1285.

[108]　Armbrust M, Fox A, Grifth R, et al. Above the clouds: A berkeley view of cloud computing. Department of Electrical Engineering and Computer Sciences[J]. University of California at Berkeley, Berkeley, CA, 2009.

[109]　Wikipedia. Load Balancing[EB/OL]. http://en. wikipedia. org/wiki/Load _ balancing _ (computing).

[110]　RBonomi Fleming P J, Steinberg P. An adaptive join-the-biased-queue rule for load sharing on distributed computer system[C]. Proceedings of the 28th Conference On Decision and Control, Tampa, Fla, Dec, 1989:2554-2559.

[111]　Zhang S. Dynamic BP algorithm based on load balance forecast[J]. Henan: Henan University, 2009.

[112]　Yi H. Research on network load balancing algorithm based on simulated annealing genetic algorithm[J]. WuHan: WuHan University of Technology, 2013.

[113]　刘振英,方滨兴,胡铭曾,等. 一个有效的动态负载平衡方法[J]. 软件学报,2001,12(04):563-569.

[114]　Li D, Shi H. Study on general model of load balancing scheduling problems[J]. Computer Engi-

neering and Application,2007,8(43):121-125.

[115] 马慧,陶少华.基于服务类型的负载平衡中间件模型[J].计算机工程,2010,36(12):277-279.

[116] 胡意髓,欧阳晨,等.云环境下面向能耗降低的资源负载均衡方法[J].计算机工程,2012,38(5):53-55.

[117] 朱世平.动态负载平衡算法设计的新途径[J].计算机工程与设计,1994,3(16):25-30.

[118] Calheiros R N,Ranjans A,Beloglazov,et al. Cloud-Sim:a toolkit for modeling and simulation of cloud computing environments and evaluation of re-source provisioning algorithms[J]. Software:Practice and Experience,2011,41(1):23-50.

[119] SimCloud Platform[EB/OL]. http://simcloud.com/.

[120] Casanova H. Simgrid:a toolkit for the simulation of application scheduling[C]. First IEEE/ACM International Symposium on Cluster Computing & Grid. 2001:430-437.

[121] Jeffrey Dean,Sanjay Ghemawat. MapReduce:Simplified data processing on large clusters[J]. Communications of the ACM,2008,51(1):109-110.

[122] Ranganathan K,Foster I T. Identifying Dynamic Replication Strategies for a High-Performance Data Grid[C]. Second Intel Workshop grid Com-

puting（GRID），Springer Berlin Heidelberg，2001:75-86.

[123] Lamehamedi H，Shentu Z，Szymanski B. Simulation of Dynamic Data Replication Strategies in Data Grids[C]. Proc 12th Heterogeneous Computing Workshop（HCW2003），Nice，France，April 2003:10.

[124] Choi S C，Youn H Y. Dynamic hybrid replication effectively combining tree and grid topology[J]. J Supercomput，2012，49:1289-1311.

[125] Hassan O A，Ramaswamy L，Miller，et al. Replication in Overlay Networks: A Multi-objective Optimization Approach[J]. Collaborative Computing: Networking，Applications and Worksharing Lecture Notes of the Institute for Computer Sciences，Social Informatics and Telecommunications Engineering. 2009，10:412-428.

[126] 徐婧. 云存储环境下副本策略研究[D]. 合肥:中国科学技术大学，2011.

[127] Qiu L，Padmanabhan V N，Voelker G M. On the Placement of Web Server Replicas[C]. Proc IEEE INFOCOM，2001，3:1587-1596.

[138] Aazami A，Ghandeharizadeh S，Helmi T. Near Optimal Number of Replicas for Continuous Media in Ad-Hoc Networks of Wireless Devices

[C]. Proc Intel Workshop Multimedia Information Systems,2004.

[129] Intanagonwiwat C,Govindan R,Estrin D. Directed Diffusion:A Scalable and Robust Communication Paradigm for Sensor Networks[C]. Proc ACM MobiCom,2000.

[130] Tang B,Das S R,Gupta H. Benefit-Based Data Caching in Ad Hoc Networks[J]. IEEE Trans. Mobile Computing,2008,7(3):289-304.

[131] Dabrowski C. Reliability in grid computing systems[J]. Concurrency and Computation:Practice and Experience,2009,21:927-949.

[132] Datta A,Schmidt R,Aberer K. Query-load Balancing in Structured Overlays[C]. Proc of the 7th IEEE International Symposium on Cluster Computing and the Grid,2007:453-460.

[133] 孟宪福,陈晓令.结构化 P2P 网络热点负载动态迁移策略[J].电子学报,2011,39(10):2407-2411.

[134] Nicolas Bonvin,Thanasis G,et al. Dynamic Cost-Efficient Replication in Data Clouds[C]. ACDC'09,June 19,2009,Barcelona,Spain.

[135] Nicolas Bonvin,Thanasis G,et al. The Costs and Limits of Availability for Replicated Services[C]. ACDC'09,June 19,2009,Barcelona,Spain.

[136] Zhou Xu,Lu Xianliang,Hou Mengshu,et al. A

Dynamic Distributed Replica Management Mechanism based on Accessing Frequency Detecting [J]. ACM SIGOPS Operating Systems Review, 2004,3(38).

[137] Bartal Y, Fiat A, Rabani Y. Competitive algorithms for distributed data management[C]. Proc 24th ACM Symp, On Theory of Computing, 1992.

[138] Giacomo Cabri, Antonio Corradi, Franco Zambonelli. Experience of Adaptive Replication in Distributed File Systems[C]. Proc of Euromicro-22, 1996.

[139] Rabinovich M, Rabinovich I, Rajaraman R, et al. A dynamic object replication and migration protocol for an Internet hosting service[C]. Proc of the 19th IEEE International Conference on Distributed Computing Systems, 1999.

[140] Dinda P A. The statistical properties of host load [J]. Scientific Programming, 1999, 7(3-4):211-229.

[141] 林伟伟. 一种改进的 Hadoop 数据放置策略[J]. 华南理工大学学报(自然科学版), 2012, 1(40):152-158.

[142] Jing Siyuan, She Kun. A novel model for load balancing in cloud data center[J]. Journal of Convergence Information Technology, 2011, 6(4):171-179.

[143] Liu Yang,Li Maozhen,Alham Nasullah Khalid,et al. Load balancing in MapReduce environments for data intensive applications[C]. Proceedings of the Eighth International Conference on Fuzzy Systems and Knowledge Discovery. Shanghai: IEEE,2011:2675-2678.

[144] Xie Jiong, Yin Shu, Ruan Xiaojun, et al. Improving mapreduce performance through placement in heterogeneous hadoop clusters [C]. IPDPS Workshops. Atlanta: IEEE Computer Society Press,2010:1-9.

[145] Sadhasivam S,Jayarni R,Nagaveni N,et al. Design and implementation of an efficient two-level scheduler for cloud computing environment[C]. International Conference on Advances in Recent Technologies in Communication and Computing, 2009:884-884.

[146] Wang Shuching,Yan Kuoqin,Liao Wenpin,et al. Towards a load balancing in a three-level cloud computing network[C]. Proc of the 3rd IEEE International Conference on Computer Science and Information Technology,2010:108-113.